Handbuch V

Gehölzsortimente und ihre Verwendung

Verlagsgesellschaft „Grün ist Leben“ mbH
Bismarckstraße 49 · 25421 Pinneberg

Impressum
Idee und Gesamtgestaltung: Georg W. Kröger, 25335 Elmshorn
Verlag: Verlagsgesellschaft „Grün ist Leben" mbH, Thujaweg 40, 25436 Tornesch
Texte : Helmut Maethe/Haan

Gesamtherstellung und Vertrieb: Floramedia Deutschland KG
Friedrichstraße 16, 70736 Fellbach,

ISBN 3-934480-04-7

Inhaltsverzeichnis

Eigenschaften

Eignungen und Verwendung

Teil I

Eigenschaften

Wuchsgrößen

Für die Zuordnung zu den Größengruppen galt:

- Das Wachstum unter mitteleuropäischen Verhältnissen, bei ausländischen Arten also nicht an deren heimatlichen Standort.
- Der jeweiligen Art/Sorte zusagende Standortbedingungen.
- Die Größe des erwachsenen (nicht alten!) Baumes, unabhängig von der Dauer des Jugendwachstums.
- Arten/Sorten mit besonders langsamen Jugendwachstum – also mit einer längeren Periode des zunächst strauchartigen Wachstums – sind gesondert gekennzeichnet.

Für die Zuordnung unberücksichtigt blieb die Größe, die ein einzelner Baum am Ende eines langen Lebens unter für ihn optimalen Standortbedingungen erreichen kann.

Die angegebenen Wuchshöhen dienen nur zur Charakterisierung der Gruppe, die aufgeführten Arten/Sorten können nach unten oder oben abweichen.
Das kann sogar dazu führen, daß aus der Sicht eines idealen Standortes eine Zuordnung in die nächsthöhere Gruppe richtiger gewesen wäre.
In strittigen Fällen erfolgte die Zuordnung in beide Wuchsgrößen.

Die abgebildeten Gehölzarten/Sorten gelten als typische Beispiele für die jeweilige Gruppe.

Kleine Bäume unter 10 m

* = später größer werdend und dann in die Gruppe 10–20 m gehörend
x = zunächst häufig viele Jahre strauchartig bzw. keinen Stamm bildend

Laubbäume

Acer campestre*	
capillipes	x
cappad. 'Rubrum'	x
x neglectum 'Annae'	x
negundo-Veredlungen	x
pensylvanicum	
plat. 'Columnare'	
plat. 'Globosum'	
rubrum	
rufinerve	x
Alnus cordata*	
incana 'Aurea'	
Amelanchier lamarckii	
Betula albosinensis	
ermanii*	
pend. 'Dalecarlica'*	
pend. 'Purpurea'	
pend. 'Youngii'	
platyphylla var. japonica*	
Castanea sativa*	
Catalpa bignonioides*	
bignonioides 'Nana'*	
Cercidiphyllum japonicum	x
Cornus controversa	x
mas	x
Crataegus 'Carrierei'	
crus-galli	
laev. 'Paul's Scarlet'	
x prunifolia	
Davidia inv. var. vilmoriniana	
Elaeagnus angustifolia	x
Fagus silv. 'Pendula'	
silv. 'Purpurea Pendula'	
Fraxinus exc. 'Diversifolia'	
exc. 'Nana'	
exc. 'Pendula'	
ornus	
Gleditsia triac. 'Sunburst'	
Gymnocladus dioicus	x
Ilex aquifolium	x
aquif. 'Pyramidalis'	x
Juglans regia*	
Koelreuteria paniculata	x
Laburnum 'Vossii'	
Liquidambar styraciflua*	
Magnolia kobus	x
x soulangiana	x
Malus in Sorten	
Morus alba	x
Nothofagus antarctica	x
Paulownia tomentosa	
Phellodendron amurense	x

Robinia pseud. 'Umbraculifera'

Prunus serrul. 'Kanzan'

Populus lasiocarpa*	
simonii	
tremula*	
Prunus avium*	
avium 'Plena'	
cerasifera 'Hollywood'	x
cerasifera 'Nigra'	
mahaleb	x
padus*	
sargentii	
sarg. 'Accolade'	x
serrul. 'Amanogawa'	
serrul. 'Kanzan'	
serrul. 'Pink Perfection'	
serrul. 'Shidare Sakura'	
serrul. 'Shirofugen'	
serrul. 'Shirotae'	
subhirtella	x
subh. 'Autumnalis'	x
x yedoensis	x
Pyrus salicifolia	x
Quercus coccinea*	
macranthera	
'Pseudoturneri'	x
robur 'Fastigiata'	x
Robinia pseud. 'Frisia'	
pseud. 'Monophylla'	
pseud. 'Pyramidalis'	
pseud. 'Tortuosa'	x
pseud. 'Umbraculifera'	
Salix erythroflexuosa	x
fragilis	
'Tortuosa'	x
Sophora japonica	
Sorbus aria	
aria 'Lutescens'	
aria 'Magnifica'	
aucuparia	
aucup. 'Fastigiata'	
aucup. var. edulis	
intermedia	
'Golden Wonder'	x
'Red Tip'	x
thuringiaca 'Fastigiata'	
Tilia x euchlora*	
Ulmus glabra 'Pendula'	
'Wredei'	

Wuchsgrößen

Fortsetzung
Kleine Bäume unter 10 m

Nadelbäume

Die Mehrzahl der aufgeführten Nadelgehölze wächst erst in vielen Jahren zu einem Baum heran. Sie sind daher auch – mit wenigen Ausnahmen – noch nicht als Baum mit Stamm und Krone lieferbar.

Abies concolor*
homolepis
koreana
nordmanniana*
veitchii

Cedrus atl. 'Glauca'*
deodara

Chamaecyparis laws. 'Alumii'
laws. 'Golden Wonder'
laws. 'Kelleriis Gold'
laws. 'Lane'
laws. 'Glauca Spek'
laws. 'Stewartii'
nootk. 'Glauca'
nootk. 'Pendula'
pisifera 'Plumosa'

Cupressocyparis x leylandii*
'Castlewellan Gold'
'Leighton Green'*

Ginkgo biloba*

Juniperus chin. 'Keteleerii'
virg. 'Canaertii'
virg. 'Glauca'

Larix dec. 'Pendula'
kaempferi 'Pendula'

Picea abies*
abies 'Virgata'
breweriana
glauca*
omorika
orientalis*
orientalis 'Aurea'

Picea pungens*
pungens 'Glauca'*
pungens 'Hoopsii'*
pungens 'Kloster'*
purpurea

Pinus cembra
contorta
flexilis
koraiensis 'Glauca'
leucodermis
parviflora 'Glauca'
peuce
ponderosa
x schwerinii
silvestris*

Pseudolarix kaempferi*

Sciadopitys verticillata

Sequoiadendron giganteum*

Taxodium distichum*

Taxus baccata

Thuja occidentalis*
occid. 'Smaragd'
occid. 'Sunkist'
plicata 'Aurescens'
plicata 'Excelsa'

Tsuga canadensis*
diversifolia
mertensiana*
mert. 'Glauca'

Pinus leucodermis

Mittelgroße Bäume 10–20 m

* = später größer werdend und dann in die Gruppe über 20 m gehörend

Laubbäume

Acer campestre
negundo
platanoides
plat. 'Crimson King'
plat. 'Emerald Queen'
plat. 'Faassen's Black'
plat. 'Reitenbachii'
plat. 'Schwedleri'
plat. 'Summershade'
pseudoplatanus*
pseud. 'Erectum'*
pseud. 'Negenia'*
pseud. 'Rotterdam'
rubrum
saccharinum*
sacch. 'Born's Graciosa'*
sacch. 'Wieri'*

Aesculus x carnea
x carnea 'Briotii'
hippocastanum*
hipp. 'Baumannii'*

Ailanthus altissima

Alnus cordata
glutinosa
incana

Betula ermanii
maximowicziana
nigra
papyrifera
pendula
pend. 'Dalecarlica'
pend. 'Tristis'
platyphylla var. japonica
utilis

Carpinus betulus
betulus 'Fastigiata'

Castanea sativa

Catalpa bignonioides

Corylus colurna

Davidia inv. var. vilmoriniana

Fagus silvatica*
silv. 'Atropunicea'
silv. 'Asplenifolia'
silv. 'Pendula'
silv. f. purpurea'
silv. 'Purpurea Pendula'
silv. 'Swat Magret'

Fraxinus excelsior*
exc. 'Diversifolia'
exc. 'Doorenbos'
exc. 'Pendula'
exc. 'Westhof's Glorie'*

Gleditsia triacanthos
triac. 'Skyline'
triac. 'Sunburst'

Juglans nigra
regia

Liquidambar styraciflua

Liriodendron tulipifera*

Paulownia tomentosa

Platanus acerifolia*

Populus alba 'Nivea'
balsamifera
x berolinensis
canescens
lasiocarpa
nigra 'Italica'
'Robusta'*
simonii
tremula

Acer campestre

Wuchsgrößen

Prunus avium
padus
serotina
serrul. 'Kanzan'
x yedoensis

Pterocarya fraxinifolia

Pyrus communis

Quercus cerris
coccinea
frainetto
macranthera
palustris
petraea
robur
robur 'Fastigiata'
rubra*

Robinia pseudoacacia
pseud. 'Bessoniana'
pseud. 'Frisia'
pseud. 'Monophylla'
pseud. 'Pyramidalis'
pseud. 'Tortuosa'

Salix alba
alba 'Liempde'
alba 'Tristis'
alba 'Tristis Resistenta'
fragilis

Sophora japonica

Sorbus aucuparia
intermedia
int. 'Brouwers'

Tilia americana 'Nova'
cordata
x euchlora
'Glenleven'
'Greenspire'
intermedia*
'Pallida'*
platyphyllos*
tomentosa

Ulmus carpinifolia
'Commelin'
glabra*
'Groeneveld'

Nadelbäume

Die Mehrzahl der aufgeführten Nadelgehölze wächst erst in vielen Jahren zu einem Baum heran. Sie sind daher auch – mit wenigen Ausnahmen – noch nicht als Baum mit Stamm und Krone lieferbar.

Abies concolor
homolepis
nordmanniana
veitchii

Cedrus atlantica 'Glauca'
deodara

Chamaecyparis nootk. 'Glauca'
nootk. 'Pendula'

Cupressocyparis x leylandii
'Leighton Green'

Ginkgo biloba

Larix decidua*
kaempferi

Metasequoia glyptostroboides

Picea abies*
breweriana
glauca
omorika
orientalis*
orient. 'Aurea'
pungens

Picea breweriana

Picea pungens 'Glauca'
pungens 'Hoopsii'
pungens 'Koster'
purpurea
sitchensis

Pinus cembra
leucodermis
nigra austriaca
peuce
ponderosa
x schwerinii
silvestris
strobus
wallichiana

Pseudolarix kaempferi

Pseudotsuga menz. var. caesia

Sequoiadendron giganteum*

Taxodium distichum*

Taxus baccata

Thuja occidentalis
plic. 'Excelsa'

Tsuga canadensis
mertensiana

Große Bäume – über 20 m

* = im Alter über 30 m

Laubbäume

Acer platanoides
pseudoplatanus*
pseud. 'Erectum'
pseud. 'Negenia'
pseud. 'Rotterdam'
saccharinum*

Aesculus x carnea
hippocastanum*
hipp. 'Baumannii'

Betula papyrifera
pendula

Fagus silvatica*
silv. 'Asplenifolia'
silv. 'Atropunicea'
silv. f. purpurea
silv. 'Swat Magret'
sacch. 'Borns Graciosa'
sacch. 'Wieri'

Cedrus atlantica 'Glauca'

Tilia cordata

Wuchsgrößen

Fraxinus excelsior*
exc. 'Doorenbos'
exc. 'Westhof's Glorie'

Juglans nigra
regia

Liriodendron tulipifera

Platanus acerifolia*

Populus alba 'Nivea'
balsamifera
canescens
nigra 'Italica'
'Robusta'

Quercus cerris
frainetto
palustris
petraea*
robur*
rubra*

Robinia pseudoacacia

Salix alba
alba 'Liempde'

Tilia americana 'Nova'
'Glenleven'
x intermedia*
'Pallida'
platyphyllos*
tomentosa

Ulmus glabra

Populus 'Robusta'

Nadelbäume

Abies nordmanniana

Ginkgo biloba

Larix decidua
kaempferi

Metasequoia glyptostroboides

Picea abies*
orientalis

Pinus nigra austriaca
silvestris
strobus
wallichiana

Pseudotsuga menziesii var. caesia

Sequoiadendron giganteum*

Taxodlum distichum

Tsuga mertensiana

Metasequoia glyptostroboides

Baumartige Sträucher – strauchartige Bäume

Einige davon unter guten Standortbedingungen später Bäume bildend. Siehe Seite 6–10.

Laubgehölze

Acer campestre
capillipes
cappad. 'Rubrum'
x negl. 'Annae'
neg. 'Aureo-variegatum'
neg. 'Odessanum'
neg. 'Variegatum'
palmatum
pensylvanicum
rufinerve

Alnus cordata

Buxus sempervirens var. arborescens

Carpinus betulus

Cercidiphyllum japonicum

Cercis siliquastrum

Cornus controversa
florida
florida 'Rubra'
kousa
kousa var. chinensis
mas

Crataegus 'Carrierei'
coccinea
crus-galli
x prunifolia

Elaeagnus angustifolia

Fraxinus ornus

Gymnocladus dioicus

Ilex aquifolium u. Sorten

Koelreuteria paniculata

Laburnum anagyroides
'Vossii'

Magnolia x loebneri
x soulangiana

Malus-Sorten

Morus alba

Nothofagus antarctica

Parrotia persica

Phellodendron amurense

Populus tremula

Prunus cerasifera
cerasi. 'Hollywood'
cerasi. 'Nigra'
mahaleb
padus
sarg. 'Accolade'
serotina
serr. 'Amanogawa'
serr. 'Pink Perfection'
serr. 'Shirofugen'
serr. 'Shirotae'
subh. 'Autumnalis'
subh. 'Fukubana'
subh. 'Plena'

Pyrus salicifolia

Salix caprea
caprea mas
daphnoides
x erythroflexuosa
fragilis
pomeranica mas
x smithiana
'Tortuosa'

Sambucus can. 'Maxima'
nigra

Cornus controversa

Wuchsgrößen

Sorbus americana
decora
Lombarts-Hybriden
serotina
x thur. 'Fastigiata'
vilmorinii

Styrax japonica

Ulmus 'Wredei'

Ulmus 'Wredei'

Sträucher

Für die Zuordnung zu den Wuchsgrößengruppen von Sträuchern galt:

- Bei schnellwachsenden Sträuchern die nach wenigen Jahren erreichte Höhe.
- Bei langsamer wachsenden Sträuchern auch die unter der Endhöhe liegende kleinere Größengrupe, falls sie die wesentliche Zeit ihres Lebens – viele Jahre – benötigen, um sie zu durchwachsen.
- Führen schon geringfügig schlechtere Standortfaktoren zu wesentlich vermindertem Wuchs, so fand auch dieser Berücksichtigung.

Sehr kleine Sträucher unter 50 cm

Bodendecker siehe Seite 114.

Für die Zuordnung zur Wuchsgrößengruppe „sehr klein" (unter 50 cm) galt:

- Strauchiger Wuchs. Arten/Sorten mit betont flachem und bodenaufliegendem Wuchs blieben unberücksichtigt. Desgleichen alle Arten/Sorten, die nur als Bodendecker Bedeutung besitzen.

Laubgehölze

Berberis buxif. 'Nana'
candidula
thunb. 'Atropurpurea Nana'

Calluna vulgaris
Hybriden:
'H.E. Beale'
'Peter Sparkes'
'Schurig's Sensation'

Cotoneaster adpressus
damm. 'Coral Beauty'
micro. 'Cochleatus'

Daphne cneorum

Empetrum nigrum

Forsythia 'Minigold'

Gaultheria shallon

Genista lydia
radiata
tinctoria
tinc. 'Plena'

Hypericum moserianum

Ilex crenata 'Golden Gem'
cren. 'Stokes'

Lavandula angustifolia

Ligustrum vulgare 'Lodense'

Lonicera pileata

Mahonia aquif. 'Apollo'

Perovskia-Sorten

Potentilla 'Red Ace'
var. mandshurica

Rhododendron impeditum u. Sorten
repens-Hybriden
russatum-Hybriden
yakushimanum-Hybriden
Japanische Azaleen

Rosa nitida

Rosen Zwergrosen
niedrige Polyantha/Floribunda

Salix x grahamii
x simulatrix

Calluna 'H.E. Beale'

Japanische Azalee 'Hatsugiri'

Japanische Azalee 'Diamant'®

Rhododendron yakushimanum-Hybride 'Morgenrot'

Wuchsgrößen

Skimmia x foremanii
japonica

Spiraea albiflora
'Anthony Waterer'
'Little Princess'

Stephanandra 'Crispa'

Vaccinium vitis-idaea 'Koralle'

Viburnum davidii

Nadelgehölze

Juniperus sab. 'Tamariscifolia'
squam. 'Blue Star'

Picea abies 'Echiniformis'
abies 'Little Gem'
abies 'Pumila Glauca'
abies 'Pygmaea'
glauca 'Alberta Globe'
glauca 'Echiniformis'
mariana 'Nana'
omorika 'Nana'

Taxus bacc. 'Repandens'

Thuja occid. 'Danica'
orient. 'Aurea Nana'

Juniperus squamata 'Blue Star'

Kleine Sträucher 60–150 cm

Laubgehölze

Acer palmatum 'Dissectum'
palm. 'Dissectum Garnet'
palm. 'Dissectum Nigrum'
palm. 'Dissectum Atropurpureum'

Berberis 'Amstelveen'
hookeri
'Klugowskiana'
'Parkjuwel'
thunbergii
thunb. 'Atropurpurea'
'Verrucandi'
verruculosa
wilsoniae var. subcaulialata

Betula nana

Buxus semp. 'Suffruticosa'

Calycanthus floridus

Caryopteris-Sorten

Ceanothus-Sorten

Chaenomeles japonica

Hybriden:
'Carl Ramcke'
'Etna'
'Fascination'
'Fire Dance'
'Hollandia'
'Nicoline'
'Pink Lady'

Corylopsis pauciflora

Cotoneaster damm. 'Skogholm'
horizontalis
praecox

Cytisus x kewensis
scoparius
Hybriden

Daphne mezereum und Sorten
'Somerset'

Deutzia 'Boule de neige'
gracilis
x kalmiiflora
'Mont Rose'
x rosea

Elaeagnus pung. 'Maculata'

Euonymus alatus

Forsythia 'Tetragold'

Fothergilla-Arten

Genista tinctoria

Berberis verruculosa

Hedera colchica 'Arborescens'

Hydrangea arbor. 'Grandiflora'
aspera ssp. aspera
aspera var. macrophylla
pan. 'Grandiflora'
sargentiana
-Hybriden wie 'Blue Bird'

Hypericum 'Hidcote'
patulum var. henryi

Ilex 'Blue Angel'®
'Blue Princess'®
crenata 'Convexa'
crenata 'Hetzii'
crenata 'Rotundifolia'
crenata 'Zwischenahn'

Kalmia angusti. 'Rubra'
latifolia

Kerria japonica

Lespedeza thunbergii

Leucothoe catesbaei

Ligustrum vulg. 'Lodense'

Lonicera caerulea
involucrata
nit. 'Elegant'
xyl. 'Clavey's Dwarf'

Mahonia aquifolium
bealii

Paeonia-suffruticosa-Hybriden

Pernettya mucronata u. Sorten

Perovskia Arten/Sorten

Philadelphus 'Albatre'
'Belle Etoile'
'Dame Blanche'
'Manteau d'Hermine'

Pieris floribunda
japonica u. Sorten

Potentilla fruticosa
'Farreri'
'Goldfinger'
'Goldstar'
'Hachmann's Gigant'
'Jackman'
'Klondike'
'Maanelys'
'Sandved'
'Tangerine'

Prunus x cistena
laur. 'Otto Luyken'
laur. 'Zabeliana'

Pyracantha 'Soleil d'Or'

Genista tinctoria

Wuchsgrößen

Azalee Knap Hill 'Gibraltar'

Rhododendron, großblumige
repens-Hybriden
russatum-Hybriden
williamsianum-Hybriden
yakushimanum-Hybriden
Azalea mollis u. Sorten
Knap Hill-Sorten
Japanische Azaleen

Rhodotypos scandens

Ribes alpinum

Rosa carolina
pimpinellifolia
rugosa
rugosa 'Alba'
x rugotida

Rosen Zierstrauchrosen
Floribundarosen, hohe Sorten

Rubus fruticosus
odoratus

Salix balsamifera mas
purpurea nana
repens argentea
rosmarinifolia
'Wehrhahnii'

Sorbaria sorbifolia

Spiraea x arguta
'Froebelii'
thunbergii

Stephanandra incisa

Symphoricarpos 'Hancock'
'Magic Berry'
'Mother of Pearl'
orbiculatus

Viburnum carlesii
plic. 'Mariesii'

Weigela 'Eva Rathke'
'Purpurea'

Nadelgehölze

Abies bals. 'Nana'

Chamaecyparis laws. 'Minima Glauca'
laws. 'Tharandtensis'
obt. 'Nana Gracilis'
pis. 'Filifera Aurea Nana'
pis. 'Filifera Nana'
pis. 'Filifera Sungold'

Juniperus chin. 'Mint Julep'
chin. 'Old Gold'
chin. 'Pfitzeriana Compacta'
chin. 'Plumosa Aurea'
sab. 'Mas'
squam. 'Blue Carpet'

Picea abies 'Nidiformis'
glauca 'Conica'
pung. 'Glauca Globosa'

Pinus dens. 'Pumila'
mugo mughus
mugo 'Mops'
mugo pumilio
pumila 'Glauca'
strobus 'Radiata'

Taxus bacc. 'Semperaurea'
bacc. 'Summergold'
cusp. 'Nana'
'Hatfieldii'

Thuja occid. 'Tiny Tim'

Tsuga can. 'Jeddeloh'

Mittelgroße Sträucher 150–250 cm

Laubgehölze

Acanthopanax sieboldianus

Acer japo. 'Aureum'
palm. 'Osakazuki'

Alnus viridis

Amelanchier laevis

Amorpha fruticosa

Aralia elata 'Variegata'

Berberis gagnepainii var. lanceifolia
julianae
'Stenophylla'
'Superba'
thunb. 'Red Chief'

Buddleia alternifolia
davidii-Hybriden

Buxus semp. 'Handsworthiensis'

Callicarpa bodinieri var. giraldii

Calyanthus floridus

Chaenomeles lagenaria
Hybriden:
'Crimson and Gold'
'Nivalis'

Clethra alnifolia
aln. 'Rosea'

Cornus alba und Sorten
alternifolia
stol. 'Flaviramea'

Corylopsis spicata

Corylus av. 'Contorta'

Cotoneaster acutifolius
bullatus
dielsianus
divaricatus
franchetii
multiflorus
sternianus

Cytisus Hybriden

Deutzia 'Contraste'
'Mont Rose'

Elaeagnus commutata

Enkianthus campanulatus

Forsythia 'Spectabilis'

Hydrangea pan. 'Grandiflora'

Wuchsgrößen

Euonymus alatus
phellomanus

Exochorda giraldii

Forsythia 'Beatrix Farrand'
'Goldzauber'
'Lynwood'
'Spectabilis'
'Spring Glory'
suspensa var. fortunei

Fothergilla Arten

Hamamelis Arten/Sorten

Hedera helix 'Arborescens'

Hibiscus Sorten

Holodiscus discolor var. ariifolius

Hydrangea arb. 'Grandiflora'
pan. 'Grandiflora'

Ilex aquif. 'Golden King'
'Blue Angel'®
'Blue Prince'®
'Blue Princess'®
crenata
crenata 'Zwischenahn'

Kalmia latifolia

Kerria jap. 'Pleniflora'

Kolkwitzia amabilis

Ligustrum obtusif. var. regelianum
oval. 'Aureum'

Lonicera caerulea
kor. 'Zabelii'
ledebourii
morrowii

Lycium halimifolium

Magnolia sieboldii
stellata

Malus sargentii

Philadelphus 'Bouquet Blanc'
'Erectus'
'Girandole'
'Schneesturm'
'Virginal'

Pieris japonica

Prunus x cistena
laur. 'Herbergii'
laur. 'Schipkaensis Macrophylla'
triloba
x yed. 'Moerheimii'

Pyracantha in Sorten

Ilex crenata

Rhododendron 'Blue Peter'

Rhododendron großblumig
williamsianum-Hybriden
Azalea mollis u. Sorten
Knap Hill-Sorten

Rhodotypos scandens

Ribes alpinum
alp. 'Schmidt'
aureum
divaricatum
sanguineum in Sorten

Robinia hispida
hisp. 'Macrophylla'
kelseyi

Rosa blanda
canina
glauca
multiflora
rubiginosa
setipoda

Rosen Zierstrauchrosen,
hohe Kletterrosen

Rubus phoenicolasius

Salix aurita
elaeagnos
purpurea

Sambucus racemosa

Sorbaria aitchisonii

Sorbus koehneana

Spiraea x arguta
'Triumphans'
'Grefsheim'
nipponica
prunifolia
x vanhouttei

Stranvaesia davidiana

Symphoricarpos albus var. laevigatus
x chenaultii

Syringa mic. 'Superba'
'Saugeana'

Tamarix odessana

Viburnum x burkwoodii
x carlcephalum
fragrans
plicatum
plicatum 'Mariesii'
plicatum f. tomentosum

Weigela 'Bristol Ruby'
'Eva Supreme'
florida
'Newport Red'
'Styriaca'

Zierstrauchrose 'Fontaine'

Spiraea x vanhouttei

Wuchsgrößen

Nadelgehölze

Abies las. 'Compacta'

Cryptomeria jap. 'Bandai-sugi'

Juniperus chin. 'Blaauw'
chin. 'Pfitzeriana'
chin. 'Pfitzeriana Aurea'

Picea glauca 'Conica'
pung. 'Glauca Globosa'

Pinus cemb. 'Glauca'
dens. 'Pumila'
mugo 'Gnom'
silv. 'Waterer'

Taxus baccata 'Fastigiata Aureomarginata'
bacc. 'Nissen's Corona'
bacc. 'Nissen's Präsident'
bacc. 'Washingtonii'

Thuja occid. 'Europe Gold'
occid. 'Holmstrup'
occid. 'Rheingold'

Juniperus chin. 'Pfitzeriana Aurea'

Große Sträucher über 250 cm

Laubgehölze

Acer ginnala
japo. 'Aconitifolium'
palmatum
palm. 'Atropurpureum'
tataricum

Aesculus parviflora

Amelanchier laevis
lamarckii

Amorpha fruticosa

Aralia elata

Berberis julianae
'Superba'

Buxus semp. var. arborescens

Caragana arborescens
arbor. 'Lorbergii'

Cercis siliquastrum

Chionanthus virginicus

Colutea arborescens

Cornus mas
sanguinea

Corylus avellana und Sorten

Cotinus coggygria und Sorten

Rhus typhina

Cotoneaster 'Cornubia'
salicifolius var. floccosus
x watereri

Crataegus monogyna

Decaisnea fargesii

Deutzia x magnifica
scabra 'Candidissima'
scabra 'Plena'

Elaeagnus x ebbingei
multiflora

Enkianthus campanulatus

Euonymus europaeus
phellomanus
planipes
yedoensis

Exochorda racemosa

Halesia carolina
monticola

Hamamelis in Arten und Sorten

Hippophae rhamnoides

Ilex aquif. 'Alaska'
aquif. 'Golden King'
aquif. 'I.C. van Tol'

Kalopanax pictus var. maximowiczii

Koelreuteria paniculata

Laburnum alpinum

Ligustrum ovalifolium
vulgare
vulgare 'Atrovirens'

Lonicera ledebourii
maackii
tatarica
tat. 'Hack's Red'
xylosteum

Magnolia lil. 'Nigra'

Malus in Sorten

Morus alba

Philadelphus coronarius
inodorus var. grandiflorus

Photinia villosa

Physocarpus opulifolius
opulif. 'Luteus'

Prunus cerasi. 'Hollywood'
serr. 'Shirotae'
spinosa
subh. 'Elfenreigen'

Rhamnus frangula

Rhododendron, großblumige

Rhus typhina

Ribes divaricatum

Salix acutifolia var. pendulifolia
cinerea
fragilis
pomeranica mas
'Sekka'
'Silberglanz'
x smithiana
'Tortuosa'
viminalis

Sambucus canad. 'Aurea'
canad. 'Maxima'
'Großfruchtige Fliederbeere'
nigra
racemosa

Sinarundinaria murielae
nitida

Staphylea colchica

Stranvaesia davidiana

Styrax japonica

Syringa 'Saugeana'

Wuchsgrößen

Syringa x chinensis
josikaea
reflexa
'Saugeana'
x swegiflexa
vulgaris

Tamarix parviflora
pentandra
pent. 'Rubra'

Viburnum x burkwoodii
lantana
opulus
op. 'Roseum'
plic. f. tomentosum
rhytidophyllum

Weigela 'Bristol Ruby'
florida

Juniperus comm. 'Suecica'

Nadelgehölze

Chamaecyparis laws. 'Blue Surprise'
laws. 'Ellwoodii'
pis. 'Boulevard'
pis. 'Filifera Aurea'
pis. 'Filifera Nana'

Juniperus chin. 'Hetzii'
chin. 'Obelisk'
chin. 'Pfitzeriana'
comm. 'Hibernica'
comm. 'Meyer'
comm. 'Suecica'
squam. 'Meyeri'
virg. 'Grey Owl'
virg. 'Skyrocket'

Pinus aristata
mugo
parv. 'Glauca'

Taxus bacc. 'Aurea Variegata'
bacc. 'Fastigiata'
bacc. 'Fastigiata Aureomarginata'
bacc. 'Fastigiata Robusta'
bacc. 'Overreynderi'
'Hicksii'
'Hillii'
'Strait Hedge'

Thuja occid 'Smaragd'
occid. 'Sunkist'

Taxus 'Hicksii'

Wuchsformen

Für die Zuordnung zu den Wuchsformgruppen galt:

- Der Gesamtcharakter der Art/Sorte, nicht der Wuchs der äußeren Zweige. Beispiel: „Betula pendula" deshalb nicht unter „hängende", sondern bei „kegelförmiger" Wuchsform eingeordnet.
- Scheint durch natürliche, besonders arttypische Schwankungen einer Art die Zuordnung in zwei Wuchsformgruppen möglich, so wurde dies entsprechend vorgenommen. Beispiel: Aesculus x carnea ist in „kegelförmig" und in „rundlich" aufgeführt.

Bäume: säulenförmig

Laubgehölze

(Nadelgehölze siehe Seite 68)

Quercus robur 'Fastigiata'

Populus nigra 'Italica'
Prunus serr. 'Amanogawa'
Quercus robur 'Fastigiata'
Robinia pseud. 'Pyramidalis'
Sorbus auc. 'Fastigiata'

Bäume: kegelförmig bis eiförmig, höher als breit

* schmal-kegelförmig

Laubgehölze

(Nadelgehölze siehe Seite 34)

Acer campestre
plat. 'Cleveland'
plat. 'Columnare'*
pseudoplatanus
pseud. 'Erectum'*
pseud. 'Spaethii'
rubrum
rufinerve
saccharinum 'Wieri'*

Aesculus x carnea
x car. 'Briotii'
hippocastanum
hip. 'Baumannii'

Alnus cordata*
glutinosa*
incana*
incana 'Aurea'*

Betula albosinensis
ermanii
maximowicziana
nigra
papyrifera*
pendula*
pend. 'Dalecarlica'*
pend. 'Tristis'*
pend. 'Purpurea'*
platyphylla var. japonica
utilis

Carpinus betulus
betulus 'Fastigiata'*

Cercidiphyllum japonicum

Corylus colurna*

Crataegus x prunifolia

Davidia involucrata var. vilmoriniana

Wuchsformen

Robinia pseud. 'Frisia'

Fagus silvatica
silv. 'Atropunicea'
silv. 'Swat Magret'

Fraxinus excelsior
exc. 'Diversifolia'
exc. 'Doorenbos'
exc. 'Westhof's Glorie'

Gleditsia triacanthos
triac. 'Skyline'*
triac. 'Sunburst'

Liquidambar styraciflua*

Liriodendron tulipifera

Magnolia kobus

Malus 'Eleyi'
'Nicoline'

Nothofagus antarctica*

Populus alba 'Nivea'
balsamifera*
x berolinensis*
canescens*
'Robusta'*
simonii*

Prunus avium
padus
serotina*

Pyrus communis*

Quercus cerris
frainetto
macranthera
palustris
petraea
robur

Robinia pseud. 'Bessoniana'
pseud. 'Frisia'
pseud. 'Monophylla'
pseud. 'Tortuosa'

Salix alba
alba 'Liempde'*
fragilis
'Tortuosa'*

Sorbus aria
aria 'Lutescens'
aria 'Magnifica'
aucuparia var. edulis*
latifolia

Tilia americana 'Nova'
cordata
euchlora
'Glenleven'
'Greenspire'
x intermedia
'Pallida'
platyphyllos
tomentosa

Ulmus carpinifolia
'Commelin'
glabra
'Groeneveld'

Bäume: kugelig – rundlich

Laubgehölze

(Nadelgehölze siehe S. 34)
* mit strenger Form

Acer cappad. 'Rubrum'
negundo und Sorten
platanoides
plat. 'Crimson King'
plat. 'Emerald Queen'
plat. 'Faassen's Black'
plat. 'Globosum'*
plat. 'Reitenbachii'
plat. 'Schwedleri'
plat. 'Summershade'
pseud. 'Negenia'
pseud. 'Rotterdam'

Aesculus x carnea
x carnea 'Briotii'

Betula albosinensis

Castanea sativa

Catalpa bignonioides
big 'Nana'*

Crataegus 'Carrierei'
crus-galli
laev. 'Paul's Scarlet'

Fagus silvatica
silv. 'Asplenifolia'

Fraxinus excelsior 'Nana'*
ornus

Juglans nigra

Koelreuteria paniculata

Malus 'Aldenhamensis'
'Almey'
'Hillieri'
'John Downie'

Morus alba

Paulownia tomentosa

Phellodendron amurense

Platanus x acerifolia

Populus lasiocarpa

Prunus avium 'Plena'
cerasif. 'Nigra'
mahaleb
subh. 'Hally Jolivette'

Pterocarya fraxinifolia

Pyrus salicifolia

Quercus coccinea
frainetto
'Pseudoturneri'
rubra

Robinia pseudoacacia
pseud. 'Frisia'
pseud. 'Umbraculifera'*

Salix alba
x erythroflexuosa
fragilis

Sophora japonica

Sorbus aucuparia
intermedia

Tilia cordata

Ulmus glabra

Aesculus x carnea

Wuchsformen

Bäume: breitkronig

Laubgehölze

(Nadelgehölze siehe S. 34)

Acer pensylvanicum

Aesculus x carnea
carnea 'Briotii'
hippocastanum
hipp. 'Baumannii'

Ailanthus altissima

Castanea sativa

Catalpa bignonioides

Crataegus crus-galli

Fraxinus ornus

Juglans regia

Phellodendron amurense

Prunus sargentii
serr. 'Shirotae'
subhir tella
x yedoensis

Pterocarya fraxinifolia

Bäume: hängend

Laubgehölze

(Nadelgehölze siehe S. 34)

Betula pendula 'Tristis'
pend. 'Youngii'

Fagus silv. 'Pendula'
silv. 'Purpurea Pendula'

Fraxinus exc. 'Pendula'

Malus 'Red Jade'

Prunus serr. 'Shidare Sakura'
subh. 'Pendula'

Salix alba 'Tristis'
alba 'Tristis Resistenta'
erythroflexuosa
purpurea 'Pendula'

Ulmus glabra 'Pendula'

Pterocarya fraxinifolia

Betula pendula 'Tristis'

Bäume: Sonderformen

Laubgehölze (Nadelgehölze siehe S. 34)	auffallend durch
Acer sacch. 'Wieri'	tief durchhängende Zweige
Ailanthus altissima	breite Trichterform
Betula pendula 'Tristis'	tief durchhängende Zweige
nigra	schmal trichterförmig, struppig
pend. 'Dalecarlica'	grazil durchhängende Zweige
Catalpa bignonioides	relativ großes Laub und später knorriges Kroneninnere
Cercidiphyllum japonicum	Trichterform
Cornus controversa	etagenartige Astquirle
Crataegus 'Carrierei'	sparrig wüstes, unordentliches Winterbild
crus-galli	sparrig wüstes, unordentliches Winterbild
Gymnocladus dioicus	knorrige und sparsam verzweigte Äste bilden ein dekoratives Kronengerüst
Laburnum 'Vossii'	Trichterform
Nothofagus antarctica	dünne Jungtriebe an knorrigem Altholz, bizarrer Wuchs
Paulownia tomentosa	exotisch wirkend
Populus lasiocarpa	relativ großes Laub an starken Ästen bei lockerer Krone
Prunus ser. 'Kanzan'	regelmäßige Trichterkrone, erst später überhängende Äste
Pterocarya fraxinifolia	mächtige Erscheinung, massiges Grün
Robinia pseud. 'Tortuosa'	durch hin und her gebogene Zweige ein verschlungener Gesamteindruck

Wuchsformen

Für die Zuordnung zu den Wuchsformgruppen von Sträuchern galt:

- Berücksichtigt wurden nur Sträucher, keine Bodendecker.
- Nur die Wuchsform, die im Einzelstand als typisch gilt.

Sträucher: aufrecht, ohne Schleppe

Aufrechte Formen, die selten oder keine Schleppe ausbilden und sich dadurch zur Unterpflanzung mit kleineren Sträuchern, Bodendeckern, Stauden u.a.m. eignen.
Daß sich auch straffaufrechtwachsende Sträucher im Alter gelegentlich mit einzelnen äußeren Zweigen niederlegen ist bekannt, blieb aber unberücksichtigt.
Zu den aufrechten Sträuchern wurden auch solche Arten/Sorten gezählt, die von Natur aus in späteren Jahren im unteren Bereich nicht oder nur unwesentlich beastet sind.

Acanthopanax sieboldianus
Alnus viridis
Amorpha fruticosa
Aralia elata
Buxus semp. 'Handsworthiensis'
Callicarpa bodinieri var. giraldii
Caragana arborescens
Chaenomeles lagenaria
Clethra alnifolia und 'Rosea'
Colutea arborescens
Cornus florida u. 'Rubra'
kousa u. var. chinensis
mas
Cotinus coggygria
Daphne mezereum u. Sorten
Decaisnea fargesii
Deutzia x magnifica
scabra 'Candidissima'
scabra 'Plena'

Exochorda racemosa

Aralia elata

Elaeagnus x ebbingei
multiflora

Enkianthus campanulatus

Euonymus europaeus
phellomanus
planipes
yedoensis

Exochorda Arten

Halesia Arten

Hamamelis Arten/Sorten

Hibiscus-Sorten

Hippophae rhamnoides

Hydrangea aspera var. aspera
sargentiana

Kalmia ang. 'Rubra'

Kalopanax pictus var. maximowiczii

Kerria jap. 'Pleniflora'

Laburnum in Arten/Sorten

Ligustrum ovalifolium
oval. 'Aureum'

Magnolia sieboldii

Mahonia bealii

Philadelphus 'Erectus'
'Girandole'
'Schneesturm'
'Virginal'

Prunus triloba

Pyracantha 'Orange Charmer'
'Orange Glow'
'Red Column'

Rhamnus frangula

Rhus typhina

Ribes sanguineum-Sorten

Robinia hispida u. Sorten

Rubus odoratus
phoenicolasius

Salix 'Silberglanz'
x smithiana
'Wehrhahnii'

Sambucus nigra
racemosa

Sorbus koehneana

Staphylea colchica

Stranvaesia davidiana

Syringa josikaea
reflexa
x swegiflexa
vulgaris
vulgaris-Hybriden

Tamarix odessana
pentandra

Viburnum fragrans
lantana

Syringa vulgaris-Hybriden

Wuchsformen

Sträucher: breitbuschig

Hierzu zählen breitbuschig wachsende Arten/Sorten mit und ohne Schleppe.

Acer ginnala

Aesculus parviflora

Amelanchier laevis
lamarckii

Berberis candidula
gagnepainii var. lanceifolia
julianae
'Klugowskiana'
'Parkjuwel'
'Stenophylla'
thunbergii
thunb. 'Atropurpurea'
wilsoniae var. subcaulialata

Buddleia alternifolia
davidii-Hybriden

Calycanthus floridus

Caryopteris 'Arthur Simmonds'
'Kew Blue'

Chaenomeles japonica
Hybriden

Cornus alba und Sorten
sanguinea
stol. 'Flaviramea'

Corylopsis pauciflora
spicata

Corylus avellana
avel. 'Contorta'

Cotinus coggygria
cogg. 'Royal Purple'
cogg. 'Rubrifolius'

Cotoneaster acutifolius
dielsianus
divaricatus
franchetii
multiflorus
salicifolius var. floccosus
sternianus
x watereri

Crataegus monogyna

Cytisus Hybriden

Deutzia 'Boule de neige'
'Contraste'
x kalmiiflora
'Mont Rose'
x rosea

Kolkwitzia amabilis

Elaeagnus commutata
multiflora

Euonymus alatus

Forsythia-Sorten

Fothergilla major
monticola

Genista tinctoria

Hedera colchica 'Arborescens'
hel. 'Arborescens'

Holodiscus discolor var. ariifolius

Hydrangea arbor. 'Grandiflora'
Hybriden wie 'Blue Bird'

Hypericum 'Hidcote'
moserianum
patulum var. henryi

Ilex 'Blue Angel'®
'Blue Prince'®
'Blue Princess'®
cren. 'Convexa'
cren. 'Golden Gem'
cren. 'Rotundifolia'

Jasminum nudiflorum

Kalmia latifolia

Prunus laur. 'Schipkaensis Macrophylla'

Kerria japonica

Kolkwitzia amabilis

Lavandula angustifolia

Lespedeza thunbergii

Leucothoe catesbaei

Ligustrum obtusifolium var. regelianum
vulgare
vulgare 'Atrovirens'
vulgare 'Lodense'

Lonicera Arten/Sorten

Lycium halimifolium

Malus sargentii

Philadelphus 'Belle Etoile'
'Bouquet Blanc'
inodorus var. grandiflorus

Photinia villosa

Potentilla-Sorten

Prunus x cistena
laur. 'Otto Luyken'
laur. 'Schipkaensis Macrophylla'
laur. 'Zabeliana'

Pyracantha 'Mohave'
'Praecox'
'Soleil d'Or'

Rhododendron, großblumige
repens-Hybriden
williamsianum-Hybriden
yakushimanum-Hybriden
Japanische Azaleen

Rhodotypos scandens

Ribes alpinum
aureum

Rosa multiflora
setipoda

Rubus fruticosus

Salix balsamifera mas
cinerea
elaeagnos
purpurea nana
repens argentea
rosmarinifolia
'Wehrhahnii'

Sorbaria sorbifolia

Spiraea x arguta
'Grefsheim'
nipponica
prunifolia
thunbergii
x vanhouttei

Stephanandra incisa

Symphoricarpos x chenaultii
'Hancock'
'Magic Berry'
'Mother of Pearl'
orbiculatus

Syringa x chinensis
'Saugeana'
microphylla 'Superba'

Viburnum x burkwoodii
opulus
opulus 'Roseum'
plicatum
plicatum 'Mariesii'

Weigela in Sorten

Wuchsformen

Nadelgehölze: Kegelformen

* schmal-kegelförmig

Abies concolor*
homolepis*
koreana*
las. 'Compacta'
nordmanniana*
pins. 'Kelleriis'*
veitchii*

Cedrus atl. 'Glauca'

Chamaecyparis laws. 'Golden Wonder'*
laws. 'Kelleriis Gold'*
laws. 'Stewartii'*
nootk. 'Aurea'*
nootk. 'Glauca'*
nootk. 'Pendula'*
pis. 'Filifera Aurea'
pis. 'Plumosa'*
pis. 'Plumosa Aurea'*

Cryptomeria jap. 'Cristata'*

Cupressocyparis x leylandii*
'Castlewellan Gold'*

Juniperus virg. 'Glauca'*

Larix decidua
kaempferi

Metasequoia glyptostroboides*

Picea abies*
breweriana
glauca*
omorika
orientalis
pungens*
pung. 'Glauca'*
pung. 'Hoopsii'*
pung. 'Koster'*
purpurea
sitchensis

Pinus cembra*
contorta
flexilis
korai. 'Glauca'
leucodermis*
nigra austriaca
peuce*
ponderosa*
x schwerinii*
silvestris
strobus*
wallichiana
wall. 'Densa Hill'

Pseudolarix kaempferi

Pseudotsuga menziesii var. caesia

Sciadopitys verticillata*

Sequoiadendron giganteum*

Taxodium distichum*

Thuja occidentalis*
occid. 'Smaragd'*
occid. 'Sunkist'*

Thujopsis dolabrata

Tsuga canadensis
diversifolia
mertensiana*
mert. 'Glauca'*
plicata 'Excelsa'*
plicata 'Aurescens'*

Chamaecyparis laws. 'Kelleriis Gold'

Nadelgehölze: buschig, im ganzen betont aufrecht

Chamaecyparis laws. 'Blue Surprise'
obt. 'Nana Gracilis'
pis. 'Filifera Nana'

Juniperus chin. 'Blaauw'
chin. 'Hetzii'
chin. 'Plumosa Aurea'
squam. 'Meyeri'

Pinus aristata

Taxus bacc. 'Overeynderi'
'Hatfieldii'
'Hicksii'
'Hillii'

Thuja occid. 'Rheingold'
orient. 'Aurea Nana'

Nadelgehölze: Säulenformen

Chamaecyparis laws. 'Alumii'
laws. 'Columnaris Glauca'
laws. 'Ellwoodii'
laws. 'Lane'
laws. 'Glauca Spek'
nootk. 'Aurea'
nootk. 'Glauca'

Cupressocyparis 'Leighton Green'

Juniperus chin. 'Keteleerii'
chin. 'Obelisk'
comm. 'Hibernica'
comm. 'Meyer'
comm. 'Suecica'
virg. 'Canaertii'
virg. 'Helle'
virg. 'Skyrocket'

Pinus silv. 'Fastigiata'

Taxus bacc. 'Fastigiata'
bacc. 'Fastigiata Aureomarginata'
bacc. 'Fastigiata Robusta'
'Strait Hedge'

Thuja occid. 'Columna'
occid. 'Fastigiata'

Juniperus chin. 'Hetzii'

Taxus baccata 'Fastigiata Robusta'

Wuchsformen

Nadelgehölze: buschig, häufig mit durchgehender Mitte

Pinus mugo
parv. 'Glauca'

Taxus baccata
bacc. 'Aurea Variegata'
bacc. 'Dovastoniana'
bacc. 'Dovastonii Aureovariegata
bacc. 'Semperaurea'

Nadelgehölze: breitbuschig, ohne Mitteltrieb

Juniperus chin. 'Pfitzeriana'
chin. 'Pfitzeriana Aurea'
sabina 'Mas'
virg. 'Grey Owl'

Pinus mugo mughus

Taxus bacc. 'Washingtonii'
cusp. 'Nana'

Nadelgehölze: flach, teils nestförmig

Juniperus chin. 'Mint Julep'
chin. 'Old Gold'
chin. 'Pfitzeriana Compacta'
sab. 'Tamariscifolia'
squam. 'Blue Carpet'

Microbiota decussata

Picea abies 'Little Gem'
abies 'Nidiformis'
abies 'Pumila Glauca'
mariana 'Nana'

Pinus mugo pumilio
pum. 'Glauca'

Taxus bacc. 'Nissen's Corona'
bacc. 'Nissen's Präsident'
bacc. 'Repandens'
bacc. 'Summergold'

Tsuga canadensis 'Jeddeloh'

Pinus mugo mughus

Juniperus sabina 'Tamariscifolia'

Nadelgehölze: kriechend

Juniperus comm. 'Hornibrookii'
comm. 'Repanda'
horizontalis
hor. 'Glauca'
sab. 'Tamariscifolia'

Nadelgehölze: Kugelformen

Abies bals. 'Nana'

Chamaecyparis laws. 'Minima Glauca'
laws. 'Tharandtensis'
pis. 'Filifera Aurea Nana'
pis. 'Filifera Sungold'

Juniperus squam. 'Blue Star'

Picea abies 'Echiniformis'
glauca 'Alberta Globe'
glauca 'Echiniformis'
pung. 'Glauca Globosa'

Pinus dens. 'Pumila'
mugo 'Mops'
silv. 'Waterer'
strobus 'Radiata'

Thuja occid. 'Danica'
occid. 'Tiny Tim'

Nadelgehölze: Sonderformen

(betont hängend oder eigenartig bizarr)

Abies proc. 'Glauca'

Cedrus atl. 'Glauca Pendula'
deodara

Chamaecyparis nootk. 'Pendula'

Cryptomeria jap. 'Bandai-sugi'

Larix dec. 'Pendula'
kaempferi 'Pendula'

Picea abies 'Acrocona'
abies 'Inversa'
abies 'Virgata'
omor. 'Pendula'

Tsuga can. 'Pendula'

Pinus mugo 'Mops'

Chamaecyparis nootkatensis 'Pendula'

Belaubung

Laub: Austrieb früh

Acer rubrum

Berberis thunbergii u. Sorten

Betula ermanii
pendula u. Sorten
platyphylla var. japonica

Caragana arborescens

Cercidiphyllum japonicum

Chaenomeles Arten/Sorten

Corylus avellana

Cotoneaster dielsianus
horizontalis
multiflorus

Crataegus monogyna

Decaisnea fargesii

Deutzia gracilis

Elaeagnus angustifolia
multiflora

Euonymus alatus
europaeus
planipes

Exochorda Arten

Hydrangea arb. 'Grandiflora'
petiolaris
sargentiana
Hybriden wie 'Blue Bird'

Kerria japonica u. 'Pleniflora'

Koelreuteria paniculata

Larix Arten

Lonicera caerulea
morrowii
nitida 'Elegant'
pileata
tatarica
tat. 'Hack's Red'
xylosteum

schlingende:

'Dropmore Scarlet'
'Fuchsioides'
'Goldflame'
x heckrotti
x tellmanniana

Malus floribunda
sargentii

Philadelphus coronarius

Physocarpus opulifolius u. 'Luteus'

Paulownia tomentosa

Laub: Austrieb spät

Ailanthus altissima
Amorpha fruticosa
Aralia elata
Calycanthus floridus
Catalpa bignonioides
big. 'Nana'
Cercis siliquastrum
Chionanthus virginicus
Cornus florida
kousa
Cotinus coggygria
Fagus silvatica u. Sorten
Fraxinus excelsior u. Sorten
ornus
Gleditsia triacanthos
Gymnocladus dioicus
Hibiscus-Sorten
Juglans Arten
Liquidambar styraciflua
Paulownia tomentosa
Phellodendron amurense
Platanus x acerifolia
Quercus robur
Robinia pseud. u. Sorten
Sophora japonica
Tamarix pentaudra

Laub: lange haftend

Acer palmatum
Alnus glutinosa
incana
Buddleia in Sorten
Carpinus betulus
bet. 'Fastigiata'
Castanea sativa
Chaenomeles und Sorten
Chionanthus virginicus
Clematis vitalba
viticella
Corylus colurna
Crataegus 'Carrierei'
Elaeagnus angustifolia
Fagus silvatica
Fothergilla major
Hamamelis japonica
Hibiscus-Sorten
Hippophae rhamnoides
Kerria japonica
Laburnum anagyroides
Ligustrum obt. var. regelianum
vulgare
Magnolia stellata
Parrotia persica
Paulownia tomentosa
Platanus x acerifolia
Prunus serotina
Quercus cerris
petraea
'Pseudoturneri'
robur

Belaubung

Ribes alpinum
alp. 'Schmidt'

Robinia pseudoacacia und Sorten

Rosa rugosa

Sophora japonica

Spiraea x arguta
x vanhouttei

Symphoricarpos Arten/Sorten

Syringa josikaea
reflexa
vulgaris

Tilia americana 'Nova'
tomentosa

Viburnum carlesii
lantana
plic. f. tomentosum

Symphoricarpos 'Hancock'

Laub: immergrün

Laubgehölze

Arctostaphylos uva-ursi

Berberis 'Amstelveen'
buxif. 'Nana'
candidula
gag. var. lanceifolia
hookeri
julianae
'Klugowskiana'
'Verrucandi'
verruculosa

Buxus sempervirens var. arborescens
'Handsworthiensis'
'Suffruticosa'

Calluna vulgaris und Hybriden

Cotoneaster dam. 'Coral Beauty'
dam. 'Eichholz'
dam. 'Jürgl'
dam. 'Radicans'
dam. 'Skogholm'
dam. 'Streib's Findling'
mic. 'Cochleatus'
salicifolius var. floccosus
sal. 'Herbstfeuer'
sal. 'Parkteppich'
sal. 'Repens'

Daphne cneorum

Elaeagnus x ebbingei
pung. 'Maculata'

Empetrum nigrum

Erica Arten/Sorten

Euonymus fortunei-Sorten

Gaultheria Arten

Hedera Arten/Sorten

Ilex aquif. und Sorten
'Blue Angel'® u. ähnliche
crenata und Sorten

Kalmia ang. 'Rubra'
latifolia

Leucothoe catesbaei

Mahonia aquifolium und Sorten
bealii

Pachysandra terminalis und Sorten

Pernettya mucronata und Sorten

Pieris in Arten und Sorten

Prunus laurocerasus-Sorten

Pyracantha-Sorten

Rhododendron

Japanische Azaleen

Sinarundinaria Arten

Skimmia x foremanii
japonica

Vaccinium vitis-idaea 'Koralle'

Viburnum davidii
rhytidophyllum

Vinca minor

Nadelgehölze

Alle Nadelgehölze mit Ausnahme der Gattungen:

Ginkgo
Larix
Metasequoia
Pseudolarix
Taxodium

Laub: wintergrün

Berberis 'Parkjuwel'

Cotoneaster 'Cornubia'
franchetii
'Pendulus'
x watereri

Daphne 'Somerset'

Hypericum calycinum
'Hidcote'
moserianum
patulum var. henryi

Jasminum nudiflorum

Ligustrum x ibolium
ovalifolium
oval. 'Aureum'
vulg. 'Atrovirens'

Lonicera henryi
nitida 'Elegant'
pileata

Quercus 'Pseudoturneri'

Stranvaesia davidiana

Viburnum x burkwoodii

Berberis x hybrida 'Klugowskiana'

Cotoneaster x watereri

Belaubung

Laub: weißbunt

Acer neg. 'Variegatum'

Aralia el. 'Variegata'

Cornus alba 'Argenteomarginata'

Euonymus fort. 'Emerald Gaiety'
fort. 'Gracilis'

Pieris japonica 'Variegata'

Cornus alba 'Argenteomarginata'

Laub: gelblich/gelbbunt

Laubgehölze

Acer japo. 'Aureum'
neg. 'Aureo-variegatum'
neg. 'Odessanum'

Alnus incana 'Aurea'

Calluna 'Aurea'
'Gold Haze'

Cornus alba 'Gouchaultii'
alba 'Spaethii''

Elaeagnus pung. 'Maculata'

Euonymus fort. 'Emerald'n Gold'

Gleditsia triac. 'Sunburst'

Hedera helix 'Goldheart'

Ilex aquif. 'Golden King'
crenata 'Golden Gem'

Ligustrum oval. 'Aureum'

Physocarpus opul. 'Luteus'

Pieris japonica 'Variegata'

Robinia pseud. 'Frisia'

Sambucus can. 'Aurea'

Ulmus 'Wredei'

Cornus alba 'Spaethii'

Nadelgehölze

Chamaecyparis laws. 'Golden Wonder'
laws. 'Kelleriis Gold'
laws. 'Lane'
laws. 'Stewartii'
nootk. 'Aurea'
pis. 'Filifera Aurea'
pis. 'Filifera Aurea Nana'
pis. 'Filifera Sungold'
pis. 'Plumosa Aurea'

Cupressocyparis 'Castlewellan Gold'

Juniperus chin. 'Old Gold'
chin. 'Pfitzeriana Aurea'
chin. 'Plumosa Aurea'

Picea orient. 'Aurea' (im Austrieb)
orient. 'Nutans'

Taxus bacc. 'Aurea Variegata'
bacc. 'Dovastonii Aureovariegata'
bacc. 'Fastigiata Aureomarginata'
bacc. 'Semperaurea'
bacc. 'Summergold'
bacc. 'Washingtonii'

Thuja occid. 'Europe Gold'
occid. 'Rheingold'
occid. 'Sunkist'
orient. 'Aurea Nana'
plic. 'Aurescens'

Chamaecyparis pis. 'Filifera Aurea Nana'

Laub: silbergrau/silberblau

Laubgehölze

Acer saccharinum u. 'Wieri' (Unterseite)

Caryopteris-Sorten

Cotoneaster franchetii (Unterseite)
sternianus (Unterseite)

Elaeagnus angustifolia
commutata

Hippophae rhamnoides

Lavandula angustifolia

Lonicera korolkowii 'Zabelii'

Perovskia-Sorten

Populus alba 'Nivea'
canescens

Potentilla var. mandshurica

Pyrus salicifolia

Salix acutifolia var. pendulifolia (Unterseite)
repens argentea

Sorbus aria-Sorten (Unterseite)
latifolia (Unterseite)

Tilia tomentosa (Unterseite)

Perovskia

Belaubung

Laub: blaugrün/graublau

Nadelgehölze

Abies concolor
lasio. 'Compacta'
pins. 'Kelleriis'
proc. 'Glauca'

Cedrus atl. 'Glauca'
atl. 'Glauca Pendula'

Chamaecyparis laws. 'Alumii'
laws. 'Columnaris Glauca'
laws. 'Blue Surprise'
laws. 'Ellwoodii'
laws. 'Minima Glauca'
laws. 'Glauca Spek'
laws. 'Tharandtensis'
nootk. 'Glauca'
pis. 'Boulevard'

Juniperus chin. 'Blaauw'
chin. 'Hetzii'
chin. 'Obelisk'
horiz. 'Glauca'
squam. 'Blue Carpet'
squam. 'Blue Star'
squam. 'Meyeri'
virg. 'Glauca'
virg. 'Grey Owl'
virg. 'Skyrocket'

Picea glauca 'Echiniformis'
pung. 'Glauca'
pung. 'Glauca Globosa'
pung. 'Hoopsii'
pung. 'Koster'

Pinus cemb. 'Glauca'
korai. 'Glauca'
parv. 'Glauca'
pumila 'Glauca'
silv. 'Fastigiata'
silv. 'Waterer'
strobus 'Radiata'

Tsuga mertensiana
mert. 'Glauca'

Pinus strobus 'Radiata'

Juniperus virg. 'Skyrocket'

Laub: rötlich/braunrot

Laubgehölze

Acer capp. 'Rubrum' (vergrünend)
x negl. 'Annae' (im Austrieb)
palm. 'Dissectum Atropurpureum'
plat. 'Schwedleri' (vergrünend)

Berberis 'Superba'
thunb. 'Atropurpurea'
thunb. 'Atropurpurea Nana'
thunb. 'Red Chief'

Betula pend. 'Purpurea'

Clematis montana 'Rubens'

Corylus 'Rotblättrige Zellernuß'

Cotinus cogg. 'Rubrifolius'

Fagus silv. f. purpurea

Malus 'Aldenhamensis' (vergrünend)
'Eleyi'
'Nicoline'
'Profusion'
'Royalty'

Prunus x cistena
cerasifera 'Hollywood'

Rosa glauca

Weigela 'Purpurea'

Acer palm. 'Dissectum Atropurpureum'

Laub: schwarzrot

Laubgehölze

Acer palm. 'Atropurpureum'
palm. 'Dissectum Garnet'
palm. 'Dissectum Nigrum'
plat. 'Crimson King'
plat. 'Faassen's Black'
plat. 'Reitenbachii' (vergrünend)

Corylus max. 'Purpurea'

Cotinus cogg. 'Royal Purple'

Fagus silv. 'Atropunicea'
silv. 'Purpurea Pendula'
silv. 'Swat Magret'

Prunus cerasifera 'Nigra'

Acer plat. 'Faassen's Black'

Belaubung

Herbstfärbung

Die Intensität der herbstlichen Färbung des Laubes vor dem Blattfall ändert sich von Jahr zu Jahr und von Standort zu Standort. Ausschlaggebend dafür ist der Klimaverlauf ab Spätsommer – eine gewisse Bodentrockenheit und ein sonnenreicher Herbst fördern bei vielen Arten die Farbintensität. Auch der pH-Wert eines Bodens scheint die Herbstfärbung zu beeinflussen, so läßt sich in jedem Jahr an Standorten mit niedrigen pH-Werten eine besonders intensive braunrote Färbung beobachten. Das gilt auch für Winterfärbungen an einigen immergrünen Laubgehölzen.

Laub: Herbstfärbung gelb/orange

Laubgehölze

Acer campestre
cappad. 'Rubrum'
negundo
palm. 'Osakazuki'
pensylvanicum
platanoides
plat. 'Cleveland'
plat. 'Globosum'
plat. 'Schwedleri'
pseudoplatanus
pseud. 'Erectum'
pseud. 'Negenia'
rufinerve
saccharinum

Aesculus x carnea
x carnea 'Briotii'
hippocastanum
hipp. 'Baumannii'
parviflora

Azalea Arten/Sorten

Betula Arten/Sorten

Callicarpa bodinieri var. giraldii

Carpinus betulus (verbräunend)
betulus 'Fastigiata'

Castanea sativa

Catalpa bignonioides

Celastrus orbiculatus

Cercidiphyllum japonicum

Cercis siliquastrum

Chionanthus virginicus

Clethra alnifolia

Cornus mas

Corylopsis Arten

Corylus avellana

Cotoneaster 'Cornubia'

Crataegus x prunifolia (und rot)

Davidia involucrata var. vilmoriniana

Decaisnea fargesii

Enkianthus campanulatus (und rot)

Fraxinus excelsior
exc. 'Diversifolia'
ornus

Gleditsia triacanthos u. Sorten

Gymnocladus dioicus

Halesia carolina

Hamamelis Arten/Sorten

Hydrangea arbor. 'Grandiflora'
pan. 'Grandiflora'

Kerria japonica u. Sorten

Koelreuteria paniculata

Liquidambar styraciflua (und rot)

Liriodendron tulipifera

Lonicera maackii

Magnolia stellata

Malus 'Charlottae'
floribunda
sargentii
x zumi var. calocarpa

Nothofagus antarctica

Parrotia persica

Phellodendron amurense

Physocarpus opulifolius u. Sorten

Platanus x acerifolia

Populus nigra 'Italica'
'Robusta'
tremula

Prunus avium
padus
sarg. 'Accolade'
serotina
serr. 'Kanzan' (und rot)
serr. 'Pink Perfection'
serr. 'Shirotae'
spinosa
subhirtella
subh. 'Autumnalis'
subh. 'Elfenreigen'

subh. 'Fukubana'
subh. 'Plena'
x yedoensis

Pterocarya fraxinifolia

Pyrus salicifolia

Rhamnus Arten

Rhodotypos scandens

Rosa carolina
multiflora
rugosa
rugosa 'Alba'

Sorbus americana
aria u. Sorten
aucuparia u. Sorten
intermedia u. Sorten
x thur. 'Fastigiata'
vilmorinii

Spiraea x arguta
thunbergii

Staphylea colchica

Tilia Arten

Ulmus Arten/Sorten

Wisteria 'Macrobotrys'
sinensis

Nadelgehölze

Ginkgo biloba

Larix decidua
dec. 'Pendula'
kaempferi
kaempferi 'Pendula'

Metasequoia glyptostroboides

Pseudolarix kaempferi

Acer pseudoplatanus

Ginkgo biloba

Belaubung

Laub: Herbstfärbung rötlich

Laubgehölze

Acer capillipes
ginnala
japo. 'Aconitifolium'
palmatum
palm. 'Osakazuki'
plat. 'Faassen's Black'
plat. 'Reitenbachii'
plat. 'Schwedleri'
rubrum
tataricum

Amelanchier laevis
lamarckii

Azalea pontica

Berberis gagnepainii var. lanceifolia (Winterfärbung)
'Superba'
thunbergii
wilsoniae var. subcaulialata

Cornus alba
alba 'Argenteomarginata'
alba 'Sibirica'
canadensis
florida
florida 'Rubra'
kousa
kousa var. chinensis
mas
sanguinea

Cotinus coggygria

Cotoneaster acutifolius
adpressus
bullatus
divaricatus
horizontalis
multiflorus
praecox

Crataegus 'Carrierei'
coccinea
crus-galli
x prunifolia

Enkianthus campanulatus

Euonymus alatus
europaeus
fort. 'Coloratus' (über Winter)
planipes
yedoensis

Fothergilla Arten

Gaultheria procumbens (über Winter)

Hamamelis (zum Teil)

Kolkwitzia amabilis

Leucothoe catesbaei (Winterfärbung)

Ligustrum obt. var. regelianum
vulg. 'Lodense'

Liquidambar styraciflua

Mahonia aquifolium (Winterfärbung)

Malus 'Charlottae'

Parrotia persica

Parthenocissus Arten/Sorten

Photinia villosa

Prunus cerasifera 'Hollywood'
sargentii
x yedoensis

Quercus coccinea
palustris
rubra

Rhus typhina u. Sorten

Ribes aureum

Rosa blanda
nitida
pimpinellifolia

Euonymus alatus

Rubus fruticosus

Salix purpurea nana

Sorbus serotina
vilmorinii

Spiraea prunifolia

Stephanandra tanakae

Stranvaesia davidiana

Viburnum fragrans
opulus
plicatum
plic. 'Mariesii'
plic. f. tomentosum

Vitis coignetiae

Nadelgehölze

Microbiota decussata
(über Winter – temperaturabhängig)
Taxodium distichum

Parthenocissus quinquefolia 'Engelmannii'

Cornus sanguinea

Fruchtschmuck

Frucht: rote und orangerote Farbtöne

* zweihäusig

Laubgehölze

Acer ginnala
palmatum
tataricum

Ailanthus altissima

Berberis 'Superba'
thunbergii
wilsoniae var. subcaulialata

Cornus canadensis
kousa
kousa var. chinensis
mas

Cotoneaster bullatus
'Cornubia'
damm. 'Coral Beauty'
damm. 'Jürgl'
damm. 'Streib's Findling'
dielsianus
divaricatus
franchetii
horizontalis
microph. 'Cochleatus'
multiflorus
'Pendulus'
salicifolius var. floccosus
sal. 'Herbstfeuer', 'Parkteppich', 'Repens'
sternianus
x watereri

Crataegus 'Carrierei'
coccinea
crus-galli
monogyna
x prunifolia

Daphne mezereum

Elaeagnus multiflora

Euonymus europaeus
fort. var. vegetus
planipes
yedoensis

Gaultheria procumbens

Hippophae rhamnoides*

Zu Fruchtschmuck

1. Eßbare/genießbare Früchte siehe Seite 55
2. An Kinderspielplätzen ungeeignete Arten siehe Seite 141

Ilex aquifolium*
aquif. 'Alaska'
aquif. 'I.C. van Tol'
aquif. 'Pyramidalis'
aquif. 'Blue Princess'®

Lonicera kor. 'Zabelii'
maackii
morrowii
tatarica u. Sorten
xylosteum

schlingende:

caprifolium
x heckrottii
periclymenum
x tellmanniana

Lycium halimifolium

Malus in Sorten 'Aldenhamensis', 'Almey', 'Eleyi', 'Georgeous', 'Liset', 'Nicoline', 'Professor Sprenger', 'Profusion', 'Red Jade', 'Royalty', sargentii, x zumi var. calocarpa

Cotoneaster dielsianus

Pernettya muc. 'Purpurea'*

Photinia villosa

Pyracantha-Sorten

Rosa blanda
canina
carolina
glauca
multiflora
nitida
rubiginosa
rugosa u. Sorten
x rugotida
setipoda

Rubus odoratus
phoenicolasius

Sambucus can. 'Maxima'
'Großfruchtige Fliederbeere'
racemosa

Skimmia japonica*

Sorbus americana
aria u. Sorten
aucuparia u. Sorten
decora
intermedia u. Sorten
'Red Tip'
serotina
x thur. 'Fastigiata'

Stranvaesia davidiana

Symphoricarpos x chenaultii
'Magic Berry'

Vaccinium vitis-idaea 'Koralle'

Viburnum lantana (vollreif schwarz)
opulus
rhytidophyllum (vollreif schwarz)

Nadelgehölze

Taxus baccata
bacc. 'Dovastoniana'
bacc. 'Dovastonii Aureovariegata'
bacc. 'Fastigiata'
bacc. 'Fastigiata Robusta'
'Hicksii'
'Strait Hedge'

Frucht: gelbe bis gelborange Farbtöne

* zweihäusig

Laubgehölze

Actinidia arguta*

Celastrus orbiculatus*

Chaenomeles Arten/Sorten

Elaeagnus angustifolia

Hippophae rhamnoides*

Malus 'Charlottae'
floribunda
'Hilleri'
'John Downie'
'Van Eseltine'
'Wintergold'

Pyracantha 'Golden Charmer', 'Soleil d'Or'

Sorbus 'Golden Wonder'

Nadelgehölze

Ginkgo biloba*

Hippophae rhamnoides

Fruchtschmuck

Frucht: weiß

* zweihäusig

Clematis-Sorten (silbrig)
tangutica
vitalba

Cornus alba
alba 'Sibirica'
stolonifera 'Flaviramea'

Elaeagnus commutata (silbrig)

Morus alba

Pernettya muc. 'Alba'*

Sorbus koehneana

Symphoricarpos albus var. laevigatus

Frucht: schwarz (auch schwarzrot) und blaue Farbtöne

* zweihäusig

Laubgehölze

Acanthopanax sieboldianus

Amelanchier laevis
lamarckii

Aralia elata

Berberis candidula
gagnepainii var. lanceifolia
hookeri
julianae
'Stenophylla'
'Verrucandi'
verruculosa

Chionanthus virginicus

Cornus sanguinea

Cotoneaster acutifolius

Decaisnea fargesii

Gaultheria shallon

Symphoricarpos albus var. laevigatus

Rhamnus catharticus

Hedera helix
helix 'Arborescens'

Ilex crenata*

Kalopanax pictus var. maximowiczii

Ligustrum obtusifolium var. regelianum
ovalifolium
vulgare und 'Atrovirens'

Lonicera caerulea
henryi
involucrata
ledebourii

Mahonia aquifolium
bealii

Phellodendron amurense

Prunus mahaleb
padus
serotina
spinosa

Rhamnus Arten

Rhodotypos scandens

Ribes aureum
divaricatum

Rosa pimpinellifolia

Rubus fruticosus
henryi

Sambucus nigra

Viburnum davidii
lantana
rhytidophyllum

Nadelgehölze

Juniperus chin. 'Keteleerii'
virg. 'Canaertii'
virg. 'Glauca'

Frucht: rosa/lilafarbene Töne

* zweihäusig

Akebia quinata*

Callicarpa bodiwieri var. giraldii

Decaisnea fargesii

Pernettya mucronata*

Sorbus 'Kirsten Pink'
vilmorinii

Symphoricarpos 'Magic Berry'
'Mother of Pearl'

Juniperus chin. 'Keteleerii'

Pernettya mucronata

Fruchtschmuck

Besondere und auffallende Fruchtformen

* zweihäusig

Laubgehölze

Acer Arten/Sorten
Actinidia*
Akebia quinata
Alnus Arten/Sorten
Caragana arborescens
Castanea sativa
Catalpa bignonioides
Cercls siliquastrum
Clematis-Hybriden (einige Sorten)
  tangutica
  vitalba
  viticella
Colutea arborescens
Corylus Arten
Decaisnea fargesii
Euonymus Arten
Fagus silvatica
Gleditsia triacanthos
Gymnocladus dioicus
Hydrangea arborescens 'Grandiflora'
  paniculata 'Grandiflora'
  Hybriden wie 'Blue Bird'
Juglans nigra
Koelreuteria paniculata
Laburnum Arten
Paulownia tomentosa
Platanus x acerifolia
Pterocarya fraxinifolia
Quercus Arten
Rhus typhina u. 'Dissecta'*
Robinia hispida
Rosa moyesii
Staphylea colchica

Castanea sativa

Colutea arborescens

Nadelgehölze

Abies koreana
procera 'Glauca'

Cedrus atl. 'Glauca'

Larix Arten

Picea abies
abies 'Acrocona'
breweriana
omorika
orientalis
pungens u. Sorten

Pinus cembra
contorta
leucodermis
mugo
mugo mughus
nigra austriaca
parv. 'Glauca'
peuce
x schwerinii
silvestris
strobus
wallichiana

Pseudotsuga menziesii var. caesia

Abies koreana

Frucht: für den Menschen genießbar

* zweihäusig

(Gehölze, die nicht an Kinderspielplätzen gepflanzt werden sollen siehe S. 175)

Actinidia arguta* (roh)

Akebia quinata (roh)

Amelanchier laevis (roh)
lamarckii (roh)

Castanea sativa (verarbeitet)

Chaenomeles Arten/Sorten (verarbeitet)

Cornus mas (roh)

Corylus avellana und Sorten (roh)
colurna (roh)
max. 'Purpurea' (roh)

Crataegus coccinea (roh)
crus-galli (roh)
monogyna (roh)

Elaeagnus angustifolia (roh)
multiflora (roh)

Fagus silvatica (roh – jedoch nur einzelne Kerne, sonst Beschwerden)

Gaultheria procumbens (roh)

Hippophae rhamnoides* (roh/verarbeitet)

Juglans regia (roh/verarbeitet)

Malus 'Charlottae' (roh/verarbeitet)
'John Downie' (roh/verarbeitet)

Morus alba (roh)

Prunus avium (roh)
cerasifera 'Hollywood' (roh)
cerasifera 'Nigra' (roh)
spinosa (verarbeitet)

Rosa canina und Formen (roh/verarbeitet)
rugosa (roh/verarbeitet)

Rubus fruticosus (roh/verarbeitet)

Sambucus can. 'Großfruchtige Fliederbeere' (verarbeitet)
nigra (verarbeitet)

Sorbus aria (roh/verarbeitet)
aucuparia (verarbeitet)
aucuparia var. edulis (verarbeitet)
decora (verarbeitet)

Vaccinium vitis-idaea 'Koralle' (roh)

Rindenschmuck

Rinde: grüne Farbtöne

Acer capillipes (mit Streifen)
negundo
negundo 'Aureo-variegatum'
negundo 'Odessanum'
negundo 'Variegatum'
pensylvanicum (mit Streifen)
rufinerve (mit Streifen)

Aristolochia macrophylla

Caragana arborescens

Cytisus Arten/Sorten

Decaisnea fargesii

Euonymus alatus
europaeus
fort. var. vegetus

Genista Arten/Sorten

Gleditsia triac. 'Sunburst'

Jasminum nudiflorum

Kerria japonica
jap. 'Pleniflora'

Laburnum anagyroides
'Vossii'

Sophora japonica

Tilia x euchlora

Rinde: gelbe Farbtöne

Alnus incana 'Aurea'

Betula albosinensis (abrollend)
ermanii (bis weiß)

Cornus stol. 'Flaviramea'

Laburnum alpinum

Lonicera ledebourii (nur junge Triebe)

Salix alba 'Tristis'
alba 'Resistenta Tristis'
balsamifera mas
x erythroflexuosa

Stephanandra tanakae (bis braun)

Tamarix odessana (nur Winter)

Acer rufinerve

Cornus stolonifera 'Flaviramea'

Rinde: grausilbrig bis weiß

Betula ermanii (rötlich bis weiß, abrollend)
maximowicziana (grau bis gelblichweiß, abrollend)
papyrifera (weiß)
pendula (weißgrau)
platyphylla var. japonica (schneeweiß, abrollend)
utilis (weiß, abrollend)

Elaeagnus commutata angustifolia

Hippophae rhamnoides

Populus alba 'Nivea'

Salix acutifolia var. pendulifolia
daphnoides

Rinde: rote bis schwärzliche Farbtöne

Acer cappadocicum 'Rubrum'
palmatum
palm. 'Atropurpureum'
rubrum (junge Triebe)

Berberis 'Superba'
thunbergii 'Atropurpurea'
thunb. 'Red Chief'

Cercidiphyllum japonicum

Cornus alba und Sorten
alba 'Kesselringii (schwarzrot)
alba 'Sibirica' (sehr auffallend)

Cotinus cogg. 'Royal Purple'
cogg. 'Rubrifolius'

Ilex 'Blue Prince'®
'Blue Princess'®

Leucothoe catesbaei

Lonicera caerulaa

Prunus ceras. 'Hollywood' (sehr dunkel)
ceras. 'Nigra'

Betula emanii

Cornus alba 'Sibirica'

Rindenschmuck

Rosa carolina
pimpinellifolia

Rhus typhina (sehr dunkel)

Rubus odoratus
phoenicolasius

Salix acutifolia var. pendulifolia
daphnoides
pomeranica mas
purpurea
purpurea nana
rosmarinifolia
'Sekka'

Tamarix parviflora (sehr dunkel)
pentandra (sehr dunkel)

Rinde: Bewehrung durch Dornen und Stacheln

* Blattdornen

Acanthopanax sieboldianus

Aralia elata

Berberis Arten/Sorten*

Caragana arborescens

Chaenomeles Arten/Sorten

Crataegus Arten/Sorten

Gleditsia triacanthos

Hippophae rhamnoides

Ilex aquifolium*
aquif. 'Alaska'*
'Blue Angel'®*
'Blue Princess'®*

Kalopanax pictus var. maximowiczii

Lycium halimifolium

Mahonia aquifolium und Sorten*
bealii*

Prunus spinosa

Pyracantha-Sorten

Rhamnus catharticus

Ribes divaricatum

Robinia kelseyi
neomexicana
pseudoacacia

Rosa Arten

Rubus Arten

Rosa omeiensis 'Pteracantha'

Aralia elata

Rinde: auffallend borkig

Laubgehölze

Acer campestre (Korkleisten an jungen Trieben)

Betula pendula (Stamm)

Corylus colurna (Stamm)

Euonymus alatus (Korkleisten, außer am einj. Holz)
europaeus (Korkleisten)
phellomanus (Korkleisten auch am einj. Holz)

Juglans nigra (Stamm)
regia (Stamm)

Liquidambar styraciflua (Triebe u. Stamm)

Liriodendron tulipifera (rissig)

Parrotia persica (Platten)

Phellodendron amurense (Stamm)

Platanus (Platten)

Populus alba 'Nivea' (Stamm)
'Robusta' (Stamm)

Quercus cerris (Stamm)
coccinea (Stamm)
frainetto (rissig)
petraea (Stamm)
robur (Stamm)
robur 'Fastigiata' (Stamm)

Robinia pseudoacacia (Stamm)

Salix alba (Stamm)
alba 'Liempde' (Stamm)
alba 'Tristis' (Stamm)
alba 'Tristis Resistenta' (Stamm)

Ulmus carpinifolia (Stamm)

Nadelgehölze

Larix Arten/Sorten

Pinus nigra austriaca
silvestris

Pseudolarix kaempferi

Sequoiadendron giganteum

Taxodium distichum

Acer campestre

Robinia pseudoacacia

Wurzelwachstum

Tiefwurzler

Über die Wurzel eines Baumes wissen wir bedeutend weniger als über seine sichtbaren, oberirdischen Teile.

Im allgemeinen werden viel größere Wurzeltiefen angenommen, als tatsächlich vorhanden.

In der Regel kann davon ausgegangen werden, daß selbst die Wurzeln ältester Bäume kaum tiefer als 1,5 m gewachsen sind, und zwar sowohl auf schwerem Lehm wie auf leichtem Sand. Sie erreichen diese Tiefe – die mehr eine Frage der Wasserversorgung als von Standfestigkeit ist – schon in ganz jungen Jahren.

Die hier vorgenommenen Aussagen zur Wurzel entsprechen ihrer genetisch bedingten Neigung. Doch ist deren tatsächliches Wachstum stärker von der ebenfalls genetisch bedingten Anpassungsfähigkeit an die bestehenden Verhältnisse geprägt. Solche sind z.B. felsiger Boden und hoher Grundwasserspiegel.

Auch soziologische Faktoren spielen eine bedeutende Rolle, ob z.B. ein Baum völlig freistehend in windiger oder in geschützter Lage wächst oder ob in einem geschlossenen Bestand.

Pterocarya fraxinifolia

Alnus glutinosa

Laubgehölze

Acer platanoides
Alnus glutinosa
Betula nigra
Caragana arborescens
Castanea sativa
Cercidiphyllum japonicum
Chaenomeles Arten/Sorten
Colutea arborescens

Cornus controversa
Crataegus Arten/Sorten
Elaeagnus angustifolia
Fraxinus excelsior
Gleditsia triacanthos und Sorten
Gymnocladus dioicus
Hippophae rhamnoides
Ilex aquifolium
Juglans nigra
regia
Liriodendron tulipifera
Lycium halimifolium
Mahonia aquifolium
Nothofagus antarctica
Paulownia tomentosa
Platanus x acerifolia
Populus tremula
nigra 'Italica'
Prunus cerasifera
padus
serotina
ser. 'Kanzan'
spinosa
Pterocarya fraxinifolia
Pyracantha-Sorten
Pyrus communis
Quercus cerris
coccinea
palustris
Rhamnus catharticus
Robinia pseudoacacia
pseud. 'Frisia'
pseud. 'Pyramidalis'
pseud. 'Tortuosa'
Rosa canina
pimpinellifolia
rugosa
Rubus fruticosus
Salix alba u. Sorten
Sophora japonica
Sorbus americana
aria und Sorten
Stranvaesia davidiana
Tamarix Arten
Ulmus glabra
Wisteria sinensis

Nadelgehölze

Abies concolor
homolepis
nordmanniana
veitchii
Chamaecyparis pisifera-Sorten
Ginkgo biloba
Juniperus communis-Sorten
virginiana-Sorten
Larix Arten
Metasequoia glyptostroboides
Picea sitchensis
Pinus cembra
mugo
nigra austriaca
ponderosa
silvestris
wallichiana
Pseudolarix kaempferi
Sequoiadendron giganteum
Taxodium distichum
Thujopsis dolabrata

Ginkgo biloba

Wurzelwachstum

Flachwurzler

Arten/Sorten, bei denen auf Grund ihres strauchigen Wuchses nur ein Wurzelwachstum im Oberboden angenommen werden kann, sind nachfolgend auch nicht aufgeführt.

Laubgehölze

Acer campestre
negundo u. Sorten
palmatum u. Sorten
saccharinum u. Sorten

Aesculus hippocastanum u. Sorten

Ailanthus altissima

Alnus cordata
incana

Betula Arten/Sorten (außer B. nigra)

Catalpa bignonioides

Cornus florida
kousa
mas

Corylus avellana

Exochorda Arten

Fagus silvatica und Arten

Fraxinus excelsior

Koelreuteria paniculata

Liquidambar styraciflua

Magnolia Arten

Malus Arten/Sorten

Platanus x acerifolia

Populus alba 'Nivea'
balsamifera
x berolinensis
canescens
'Robusta'
simonii

Quercus macranthera
petraea
'Pseudoturneri'
robur
robur 'Fastigiata'
rubra

Rhododendron-Arten/Sorten

Salix Arten/Sorten

Sorbus aucuparia

Pinus strobus

Sorbus americana
aucuparia und Sorten
decora

Syringa Arten/Sorten

Ulmus carpinifolia

Viburnum Arten/Sorten

Nadelgehölze

Picea abies
omorika

Pinus strobus

Mit geringem Wurzelraum auskommend
(mit kompakter Wurzel)

Wegen ihres geringen Wurzelraumes sind diese Pflanzen in der Regel gut geeignet für Pflanzgefäße und – falls der Lichtanspruch erfüllt wird – zur Nachpflanzung in Gehölzgruppen sowie unter Bäumen.

Laubgehölze

Acer campestre
palmatum u. Sorten

Berberis Arten/Sorten

Buxus Arten/Sorten

Carpinus betulus

Catalpa bignonioides 'Nana'

Clethra alnifolia

Cornus kousa

Corylus colurna

Deutzia Arten/Sorten

Euonymus alatus
europaeus
phellomanus

Ilex aquifolium u. Sorten
crenata u. Sorten

Kalmia Arten/Sorten

Kerria Arten/Sorten

Laburnum Arten/Sorten

Leucothoe catesbaei

Ligustrum Arten/Sorten

Pieris Arten/Sorten

Potentilla-Sorten

Rhododendron/Azaleen Arten/Sorten

Rhodotypos scandens

Ribes alpinum

Robinia pseud. 'Tortuosa'

Skimmia Arten/Sorten

Sorbaria sorbifolia

Sorbus aucuparia und Sorten

Spiraea Arten/Sorten

Staphylea colchica

Stephanandra Arten/Sorten

Symphoricarpos Arten/Sorten

Syringa Arten/Sorten

Tilia cordata

Nadelgehölze

Juniperus chinensis-Sorten

Sciadopitys verticillata

Taxus Arten/Sorten

Thuja Arten/Sorten

Carpinus betulus

Frosthärte

Grundsätzlich ist zwischen der absoluten und relativen Frosthärte einer Pflanze zu unterscheiden. Die absolute ist genetisch bedingt und bezieht sich meist auf natürliche Standortverhältnisse im Herkunftsgebiet. Ändern sich die Wachstumsbedingungen, kann dies auch Auswirkungen auf die Frosthärte haben. So ist bekannt, daß bestimmte Pflanzen in Gebieten mit langen, kalten Wintern dort wesentlich tiefere Temperaturen schadlos überstehen als in wärmeren Gebieten, die zu stärkerem Wuchs führen und zu weniger tiefen Wintertemperaturen.

Ein ganz entscheidender Faktor ist die gute Holzausreife vor Frostbeginn, die unter übermäßiger Düngung – insbesondere Stickstoff – leidet bzw. sich verzögert.
Einige der nachfolgend aufgeführten Arten/Sorten sind nur als jüngere Pflanze frostgefährdet, bzw. nur so lange, wie sie sich in den Kältezonen von Bodenfrösten – in der Regel unter 150 cm – befinden.

Andere Arten genießen in der Natur als junge Pflanze den nicht zu unterschätzenden Schutz eines geschlossenen Bestandes – ihre Frostanfälligkeit läßt sich meist schon durch einen spürbaren Windschutz wirksam beheben.

Ein vollsonniger Standort – insbesondere vor einer hellen Wand im Bereich der Strahlungswärme – fördert ganz besonders bei einigen Gehölzen südlicherer Herkunft durch eine verfrühte Aktivierung der Lebensvorgänge deren Frostgefährdung. Ein Standort im lichten Schatten kann diesen Mangel beseitigen.

Neuerdings wird versucht, die Gehölze in Winterhärtezonen zu gliedern.
Prof. Dr. Heinze und Schreiber entwickelten dazu für Europa eine Karte, die es in Klimazonen aufteilt. Diese Zonen können selbstverständlich auf kleinklimatische Besonderheiten (Hanglage, Hausnähe, Innenstadt) nicht eingehen.

Zur Vororientierung können diese Winterhärtezonen dem Fachmann helfen – sie auf den Einzelfall zu beziehen und ungeprüft zu übernehmen birgt – wie alle Normungen im Bereich der Natur – wesentliche Gefahren in sich.

In der Jugend empfindlich

Laubgehölze

Akebia quinata
Aralia elata 'Variegata'
Arctostaphylos uva-ursi
Aristolochia macrophylla
Berberis 'Amstelveen'
'Parkjuwel'
Buddleia-Hybriden
Campsis Arten/Sorten
Cercis siliquastrum
Chionanthus virginicus
Clematis-Hybriden
Cornus florida
Cotinus coggygria u. Sorten
Daphne 'Somerset'
Davidia involucrata var. vilmoriniana
Elaeagnus pungens 'Maculata'
Enkianthus campanulatus
Fraxinus ornus
Gleditsia triacanthos u. Sorten
Gymnocladus dioicus
Hibiscus-Sorten
Hydrangea-Hybriden
Ilex aquifolium 'Golden King'
crenata
crenata 'Convexa'
crenata 'Golden Gem'
Juglans nigra
Koelreuteria paniculata
Leucothoe catesbaei
Liquidambar styraciflua
Magnolia lil. 'Nigra'
sieboldii
x soulangiana
Mahonia bealii
Morus alba
Paeonia suffruticosa-Hybriden
Paulownia tomentosa
Pterocarya fraxinifolia
Pyracantha-Sorten

Paulownia tomentosa

Cedrus deodara

Sinarundinaria Arten
Skimmia
Sophora japonica
Viburnum davidii

Nadelgehölze

Cedrus deodara
Cupressocyparis-Sorten
Ginkgo biloba
Sciadopitys verticillata
Sequoiadendron giganteum

Bei starkem Frost oberirdisch zurückfrierend

Laubgehölze

Akebia quinata
Aralia elata 'Variegata'
Buddleia-Hybriden
Campsis-Sorten
Caryopteris-Sorten
Ceanothus-Sorten
Cercis siliquastrum
Cornus canadensis
Daphne 'Somerset'
Erica cinerea-Sorten
Gaultheria shallon
Hibiscus-Sorten
Hydrangea aspera-Sorten
Hybriden wie 'Blue Bird'
Hypericum 'Hidcote'
patulum var. henryi
Lespedeza thunbergii
Ligustrum x ibolium
ovalifolium
oval. 'Aureum'
Lonicera nitida 'Elegant'
Pernettya mucronata u. Sorten
Perovskia-Sorten
Rosen,Gartenrosen
Rubus henryi

Blütezeitkalender

Die Angabe des Ortes der Blütenbildung ist als Hinweis auf einen der Art/Sorte entsprechenden Gehölzschnitt gedacht.
So fördert bei Gehölzen mit Blüten an diesjährigen Trieben ein stärkerer Winterschnitt die Bildung von Jungtrieben und dadurch die Blütenfülle.

Blütezeit-Kalender auffallender Blütensträucher

1) Bei einer Reihe von Gehölzen ist die Blütenbildung an einjährigen Langtrieben und an Kurztrieben üblich.

		Blüte bildet sich in der Regel		
	Duft	an diesjährigen (heurigen) Trieben	an einjährigen (im Vorjahr gebildeten) Langtrieben[1]	an Kurztrieben am mehrjährigen Holz
Januar				
Erica carnea-Sorten			x	
Hamamelis mollis	x		x	x
Jasminum nudiflorum			x	
Februar				
Corylus avellana u. Sorten			x	x
Erica carnea-Sorten			x	
Hamamelis japonica	x		x	x
Hamamelis mollis	x		x	x
Jasminum nudiflorum			x	
Salix 'Silberglanz'			x	
Viburnum fragrans	x		x	x
März				
Cornus mas				x
Corylopsis pauciflora	x		x	
Daphne mezereum u. Sorten	x		x	
Erica carnea-Sorten			x	
Hamamelis-Sorten	x		x	x
Jasminum nudiflorum			x	
Magnolia stellata	x		x	x
Mahonia bealii	x		x	
Pieris Arten/Sorten			x	
Prunus spinosa				x
Prunus x yedoensis			x	x
Salix caprea 'Silberglanz'			x	
Viburnum fragrans	x		x	x

Corylus avellana 'Contorta'

Hamamelis mollis

April	Duft	Blüte bildet sich in der Regel an diesjährigen (heurigen) Trieben	an einjährigen (im Vorjahr gebildeten) Langtrieben[1])	an Kurztrieben am mehrjährigen Holz
Amelanchier laevis			x	x
lamarckii			x	x
Chaenomeles				x
Cornus mas				x
Corylopsis spicata	x		x	
Daphne cneorum	x		x	
mezereum u. Sorten	x		x	
Erica carnea-Sorten			x	
Forsythia-Sorten			x	x
Hamamelis – späte Sorten (z.B. 'Westerstede')	x		x	x
Magnolia kobus	x		x	x
x loebneri	x		x	x
stellata	x		x	x
Mahonia aquifolium	x		x	
bealii	x		x	
Pachysandra terminalis			x	
Pieris Arten/Sorten			x	
Prunus cerasifera u. Sorten			x	x
serrulata-Sorten			x	x
spinosa				x
subhirtella-Sorten			x	x
x yedoensis			x	x
Rhododendron, diverse	x		x	
Ribes sang.-Sorten			x	
Skimmia	x		x	
Spiraea x arguta			x	
'Grefsheim'			x	
thunbergii			x	
Viburnum x burkwoodii	x		x	x
x carlcephalum	x		x	x
carlesii	x		x	x

Prunus spinosa

Chaenomeles 'Nicoline'

Blütezeitkalender

Mai	Duft	Blüte bildet sich in der Regel		
		an diesjährigen (heurigen) Trieben	an einjährigen (im Vorjahr gebildeten) Langtrieben[1]	an Kurztrieben am mehrjährigen Holz
Amelanchier Arten			x	x
Berberis 'Amstelveen'			x	
julianae			x	
'Stenophylla'			x	
Caragana arborescens			x	
Clematis montana-Sorten			x	
Cornus florida			x	x
Cytisus Arten/Sorten	x		x	
Daphne cneorum	x			
Deutzia gracilis			x	
x magnifica			x	
Elaeagnus angustifolia	x		x	x
commutata	x		x	x
Enkianthus			x	x
Exochorda			x	x
Fothergilla	x		x	x
Genista lydia			x	
radiata			x	
Halesia				x
Kalmia latifolia			x	x
Kerria			x	
Laburnum	x		x	x
Magnolia x	x		x	x
soulangiana 'Nigra'	x		x	x
Malus Arten/Sorten			x	x
Paeonia-Sorten	x		x	x
Pieris japonica u. Sorten	x			
Potentilla-Sorten		x		
Prunus x cistena			x	x
laurocerasus-Sorten	x		x	x
serrulata-Sorten			x	x
triloba			x	
Pyracantha-Sorten			x	x
Rhododendron, diverse	x		x	
Ribes sang.-Sorten			x	
Skimmia japonica	x		x	
Spiraea nipponica			x	
prunifolia			x	
x vanhouttei			x	
Syringa-Sorten	x		x	x
Tamarix parviflora			x	
Viburnum x burkwoodii	x		x	x
x carlcephalum	x		x	x
carlesii	x		x	x
davidii			x	
opulus und Sorten			x	
plicatum u. Sorten			x	x
Vinca minor			x	x
Weigela-Sorten			x	
Wisteria Arten/Sorten			x	x

Rhododendron 'Humboldt'

Juni	Duft	Blüte bildet sich in der Regel: an diesjährigen (heurigen) Trieben	an einjährigen (im Vorjahr gebildeten) Langtrieben[1]	an Kurztrieben am mehrjährigen Holz
Berberis 'Amstelveen'			x	
Buddleia alternifolia			x	x
Chionanthus virginicus	x		x	x
Cornus kousa			x	x
Cotinus coggygria		x		
Cytisus decumbens			x	
purpureus			x	
scoparius			x	
Deutzia Arten/Sorten			x	
Elaeagnus commutata	x		x	x
Erica cinerea-Sorten		x		
tetralix		x		
Genista sagittalis			x	
Hydrangea petiolaris		x		
Hypericum		x		
Kalmia ang. 'Rubra'			x	x
latifolia			x	x
Kerria japonica			x	
Kolkwitzia amabilis			x	
Laburnum Arten/Sorten			x	x
Potentilla-Sorten		x		
Rhododendron, diverse	x		x	
Rosen	x	x	x	
Sambucus	x	x	x	
Sorbaria		x		
Spiraea albiflora				
'Anthony Waterer'		x		
'Froebelii'		x		
'Little Princess'		x		
'Triumphans'		x		
Spiraea nipponica			x	x
prunifolia			x	
x vanhouttei			x	x
Tamarix odessana		x	x	
Viburnum davidii			x	
opulus			x	
pilcatum u. Sorten		x	x	x
Weigela-Sorten		x	x	

Rose 'Queen Elizabeth'

Cotinus coggygria

Blütezeitkalender

Juli	Duft	Blüte bildet sich in der Regel: an diesjährigen (heurigen) Trieben	an einjährigen (im Vorjahr gebildeten) Langtrieben[1])	an Kurztrieben am mehrjährigen Holz
Aesculus parviflora		x		
Buddleia davidii-Hybriden	x	x		
Calluna vulgaris-Sorten		x		
Clethra	x	x		
Cotinus coggygria		x		
Cytisus purpureus			x	
Erica cinerea-Sorten		x		
tetralix		x		
vagans-Sorten		x		
Genista sagittalis			x	
tinctoria		x		
Hibiscus-Sorten		x		
Hydrangea arb.				
'Grandiflora'		x		
aspera var. macrophylla		x		
petiolaris		x		
Hypericum Arten/Sorten		x		
Kalmia ang. 'Rubra'			x	x
Kerria japonica 'Pleniflora'			x	
Lavandula angustifolia	x	x		
Philadelphus Arten/Sorten	x		x	
Potentilla-Sorten		x		
Rosen	x			
Spiraea albiflora				
'Anthony Waterer'		x		
'Froebelii'		x		
'Little Princess'		x		
'Triumphans'		x		
nipponica			x	x
Weigela-Sorten			x	

Kalmia angustifolia 'Rubra'

Philadelphus 'Dame Blanche'

August	Duft	Blüte bildet sich in der Regel: an diesjährigen (heurigen) Trieben	an einjährigen (im Vorjahr gebildeten) Langtrieben[1]	an Kurztrieben am mehrjährigen Holz
Aesculus parviflora		x		
Buddleia davidii-Hybriden	x	x		
Calluna vulgaris-Sorten		x		
Ceanothus-Sorten		x		
Clematis-Hybriden		x		
Clethra	x	x		
Erica cinerea-Sorten		x		
tetralix		x		
vagans-Sorten		x		
Genista tinctoria u. 'Plena'		x		
Hibiscus-Sorten		x		
Hydrangea pan. 'Grandiflora'		x		
Hybriden wie 'Blue Bird'				
sargentiana				
Hypericum Arten/Sorten		x		
Lavandula angustifolia	x	x		
Perovskia-Sorten	x	x		
Potentilla-Sorten		x		
Rosen	x	x		
Spiraea albiflora 'Anthony Waterer'		x		
'Froebelii'		x		
'Little Princess'		x		
'Triumphans'		x		
Tamarix pentandra		x		
Weigela-Sorten		x		

Potentilla 'Hachmanns Gigant'

Hibiscus 'Coelestis'

Blütezeitkalender

	Duft	Blüte bildet sich in der Regel: an diesjährigen (heurigen Trieben)	an einjährigen (im Vorjahr gebildeten) Langtrieben[1])	an Kurztrieben am mehrjährigen Holz
September				
Buddleia davidii-Hybriden	x	x		
Calluna vulgaris-Sorten		x		
Caryopteris-Sorten		x		
Ceanothus-Sorten		x		
Clematis paniculata		x		
Erica tetralix		x		
vagans-Sorten		x		
Hibiscus-Sorten		x		
Hypericum Arten/Sorten		x		
Lavandula angustifolia		x		
Polygonum aubertii		x		
Potentilla-Sorten		x		
Rosen	x	x		
Spiraea albiflora 'Anthony Waterer'		x		
'Froebelii'		x		
'Little Princess'		x		
Tamarix pentandra		x		
Oktober				
Caryopteris-Sorten		x		
Ceanothus-Sorten		x		
Hibiscus-Sorten		x		
Polygonum aubertii		x		
Rosen	x	x		
Viburnum fragrans	x		x	x
November				
Hamamelis virginiana			x	x
Prunus subhirtella 'Autumnalis'			x	x
Rosen	x	x		
Viburnum fragrans	x		x	x
Dezember				
Erica carnea-Sorten		x		
Prunus subhirtella 'Autumnalis'			x	x
Viburnum fragrans	x		x	x

Caryopteris 'Heavenly Blue'

Viburnum fragrans

Teil II

Eignungen und Verwendung

Standortansprüche/Eignung

Kerria japonica

Volle Sonne liebend, bzw. zeitweise Trockenheit vertragend

* Schlinger, Kletterer

Laubgehölze	Baum	Strauch	niedriger Strauch, Bodendecker
Acanthopanax sieboldianus		x	
Acer campestre	x	x	
capillipes	x	x	
cappad. 'Rubrum'	x	x	
ginnala		x	
x negl. 'Annae'		x	
palmatum	x	x	
pensylvanicum	x		
platanoides und Sorten	x		
rufinerve	x		
saccharinum und Sorten	x		
Actinidia arguta*			
Aesculus x carnea	x		
x carnea 'Briotii'	x		
hippocastanum	x		
hipp. 'Baumannii'	x		
Ailanthus altissima	x		
Akebia quinata*			
Alnus incana	x		
Amelanchier lamarckii		x	
Aralia elata		x	
Berberis bux. 'Nana'			x
'Klugowskiana'		x	
'Stenophylla'		x	
'Superba'		x	
thunbergii		x	
thunb. 'Atropurpurea'		x	
verruculosa			x
wilsoniae var. subcaulialata		x	
Betula albosinensis	x		
pendula	x		
pend. 'Dalecarlica'	x		
utilis	x		
Buddleia Arten/Sorten		x	
Buxus Arten/Sorten		x	

	Baum	Strauch	niedriger Strauch, Bodendecker
Calluna			x
Campsis Arten/Sorten*			
Caragana arborescens		x	
Carpinus betulus	x		
bet. 'Fastigiata'	x		
Caryopteris-Sorten			x
Catalpa bignonioides	x		
big. 'Nana'	x		
Ceanothus-Sorten			x
Celastrus orbiculatus*			
Cercidiphyllum japonicum	x		
Cercis siliquastrum	x	x	
Chaenomeles Arten/Sorten		x	x
Chionanthus virginicus		x	
Clematis Arten/Sorten*			
Colutea arborescens		x	
Cornus mas		x	
sanguinea		x	
Cotinus coggygria u. Sorten		x	
Cotoneaster acutifolius		x	
dam. 'Coral Beauty'			x
dam. 'Skogholm'			x
dam. 'Streib's Findling'			x
dielsianus		x	
divaricatus		x	
franchetii		x	
horizontalis			x
mic. 'Cochleatus'			x
praecox			x
salicifolius var. floccosus		x	
sternianus		x	
Crataegus 'Carrierei'	x		
laev. 'Paul's Scarlet'	x		
monogyna	x	x	
x prunifolia	x	x	
Cytisus Arten/Sorten			x
Davidia involucrata var. vilmoriniana	x		
Decaisnea fargesii		x	
Elaeagnus angustifolia	x	x	
commutata		x	
x ebbingei		x	
multiflora		x	
Euonymus alatus		x	
Exochorda Arten		x	
Garten-Rosen/Edelrosen aller Gruppen		x	x
Genista Arten/Sorten			x
Gleditsia triacanthos u. Sorten	x		
Gymnocladus dioicus	x		
Hedera helix* u. Sorten		x	x
Hibiscus-Sorten		x	
Hippophae rhamnoides		x	
Holodiscus var. ariifolius		x	
Hypericum 'Hidcote'		x	
patulum var. henryi		x	
Juglans nigra	x		
Kalopanax pictus var. maximowiczii		x	
Kerria japonica		x	
jap. 'Pleniflora'		x	
Koelreuteria paniculata	x	x	
Laburnum Arten/Sorten	x	x	
Lavandula angustifolia			x
Lespedeza thunbergii		x	
Ligustrum obtusifolium var. regelianum		x	
vulgare		x	
vulgare 'Lodense'		x	
Liquidambar styraciflua	x		
Lonicera caerulea		x	
korolkowii 'Zabelii'		x	
xylosteum		x	
xyl. 'Clavey's Dwarf'		x	
schlingende:			
'Fuchsioides'*			
x heckrottii*			
periclymenum*			
x tellmanniana*			
Lycium halimifolium		x	
Mahonia aquifolium			x
Morus alba	x	x	
Nothofagus antarctica	x		
Parthenocissus Arten/Sorten*			
Paulownia tomentosa	x		
Perovskia-Sorten			x
Phellodendron amurense	x	x	
Philadelphus Arten/Sorten		x	
Physocarpus opulifolius		x	

Standortansprüche/Eignung

	Baum	Strauch	niedriger Strauch, Bodendecker
Platanus x acerifolia	x		
Polygonum aubertii*			
Populus			
alba 'Nivea'	x		
tremula	x		
Prunus cerasifera	x	x	
cer. 'Nigra'	x	x	
mahaleb	x		
sargentii	x		
sarg. 'Accolade'	x		
spinosa	x	x	
Pyracantha-Sorten		x	
Pyrus communis	x		
salicifolia	x	x	
Quercus cerris	x		
frainetto	x		
petraea	x		
'Pseudoturneri'	x	x	
robur	x		
robur 'Fastigiata'	x		
Rhamnus catharticus		x	
Ribes alpinum		x	
divaricatum		x	
Robinia Arten/Sorten	x	x	
Rosa Arten/Sorten		x	x
Rubus fruticosus		x	
Salix caprea	x	x	
elaeagnos		x	
purpurea nana		x	
repens argentea		x	
rosmarinifolia		x	
Sophora japonica	x		
Sorbaria sorbifolia		x	
Sorbus aria und Sorten	x		
aucuparia und Sorten	x		
intermedia	x		
Spiraea nipponica		x	
prunifolia		x	
'Triumphans'		x	
x vanhouttei		x	
Staphylea colchica		x	
Stephanandra 'Crispa'			x
incisa		x	
Syringa Arten/Sorten		x	
Tamarix Arten/Sorten		x	
Tilia cordata	x		
tomentosa	x		
Weigela-Sorten		x	
Wisteria Arten/Sorten*			

Kletterrose

Nadelgehölze

Nadelgehölze	Baum	Strauch	niedriger Strauch, Bodendecker
Abies Arten/Sorten	x		
Cedrus Arten/Sorten	x		
Chamaecyparis laws.-Sorten	x	x	
nootkatensis-Sorten	x		
pisifera 'Boulevard'		x	
pisifera 'Filifera Nana'		x	
pisifera 'Filifera Sungold'		x	
pisifera 'Plumosa Aurea'	x		
Cryptomeria jap. 'Bandai-sugi'		x	
jap. 'Cristata'	x		
Cupressocyparis-Sorten	x		
Ginkgo biloba	x		
Juniperus Arten/Sorten	x	x	x
Larix Arten/Sorten	x		
Metasequoia glyptostroboides	x		
Microbiota decussata			x
Picea Arten/Sorten	x	x	x
Pinus Arten/Sorten	x	x	x
Pseudolarix kaempferi	x		
Pseudotsuga menziesii var. caesia	x		
Sequoiadendron giganteum	x		
Taxodium distichum	x		
Taxus baccata	x	x	
bacc. 'Dovastoniana'	x	x	
bacc. 'Fastigiata'		x	
bacc. 'Fastigiata Robusta'		x	
bacc. 'Nissen's Corona'		x	
bacc. 'Nissen's Präsident'		x	
bacc. 'Overeynderi'		x	
cusp. 'Nana'		x	
'Hatfieldii'		x	
'Hicksii'		x	
'Hillii'		x	
'Strait Hedge'		x	
Thuja occidentalis	x		
occid. 'Columna'	x		
occid. 'Danica'			x
occid. 'Fastigiata'	x		
occid. 'Holmstrup'		x	
occid. 'Smaragd'	x		
occid. 'Tiny Tim'			x
plic. 'Excelsa'	x		

Absonnige Standorte/ zeitweise Schatten liebend oder gut vertragend

* Schlinger, Kletterer

Laubgehölze

Laubgehölze	Baum	Strauch	niedriger Strauch, Bodendecker
Acer campestre	x	x	
ginnala		x	
jap. 'Aconitifolium'		x	
jap. 'Aureum'		x	
x negl. 'Annae'	x	x	
negundo	x		
pensylvanicum	x		
platanoides und Sorten	x		
pseudoplatanus und Sorten	x		
rubrum	x		
Aesculus parviflora		x	
Amelanchier lamarckii		x	
Arctostaphylos uva-ursi			x
Aristolochia macrophylla*			
Berberis 'Amstelveen'		x	
bux. 'Nana'			x
julianae		x	
'Klugowskiana'		x	
'Parkjuwel'		x	
verruculosa			x
Buxus sempervirens und Sorten		x	
Calycanthus floridus		x	
Carpinus betulus und 'Fastigiata'	x		
Celastrus orbiculatus*			
Cercidiphyllum japonicum	x		
Cercis siliquastrum	x	x	
Chionanthus virginicus		x	
Clematis montana-Sorten*			
paniculata*			
tangutica*			
vitalba*			
viticella*			
Clethra alnifolia		x	

Standortansprüche/Eignung

Ilex aquifolium 'Pyramidales'

	Bäume und höhere Sträucher	Niedere Sträucher und Bodendecker	Schlinger und Kletterer
Cornus alba und Sorten		x	
controversa	x	x	
florida	x	x	
kousa	x	x	
mas		x	
sanguinea		x	
stol. 'Flaviramea'		x	
Corylopsis Arten		x	
Corylus Arten/Sorten	x	x	
Cotoneaster acutifolius		x	
bullatus		x	
'Cornubia'		x	
damm. 'Coral Beauty'			x
damm. 'Skogholm'			x
damm. 'Streib's Findling'			x
divaricatus		x	
horizontalis			x
mic. 'Cochleatus'			x
praecox			x
Cotoneaster salicifolius var. floccosus		x	
sal. 'Herbstfeuer'			x
sal. 'Parkteppich'			x
sal. 'Repens'			x
Daphne mezereum und Sorten		x	x
Elaeagnus commutata		x	
x ebbingei		x	
pung. 'Maculata'		x	
Empetrum nigrum			x
Enkianthus campanulatus		x	
Euonymus europaeus		x	
fortunei-Sorten			x
planipes		x	
yedoensis		x	
Fagus silvatica und Sorten	x		
Forsythia-Sorten		x	
Fothergilla Arten		x	
Fraxinus excelsior und Sorten	x		
Gaultheria procumbens			x
Halesia Arten		x	
Hamamelis Arten/Sorten		x	
Hedera Arten/Sorten*		x	x
Hydrangea arb. 'Grandiflora'		x	
aspera var. macrophylla		x	
petiolaris*			x
sargentiana		x	
Hypericum calycinum			x
patulum var. henryi		x	
Ilex Arten/Sorten	x	x	x
Jasminum nudiflorum*			x
Kalmia Arten		x	x
Leucothoe catesbaei			x
Ligustrum Arten/Sorten		x	
Liquidambar styraciflua	x		
Lonicera Arten/Sorten		x	x
Magnolia lil. 'Nigra'		x	
Mahonia Arten/Sorten			x
Pachysandra terminalis u. 'Green Carpet'			x
Parrotia persica		x	
Parthenocissus Arten/Sorten*			
Pernettya mucronata und Sorten			x
Philadelphus Arten/Sorten		x	

Taxus cuspidata 'Nana'

Photinia villosa		x	
Physocarpus opulifolius		x	
Pieris Arten/Sorten		x	
Polygonum aubertii*			
Prunus cerasifera und Sorten	x	x	
laurocerasus-Sorten		x	x
mahaleb	x		
padus	x		
Pterocarya fraxinifolia	x		
Pyracantha-Sorten		x	x
Rhamnus Arten		x	
Rhodotypos scandens		x	
Ribes Arten/Sorten		x	
Rosa-Wildrosen		x	x
Rubus Arten		x	x
Sambucus Arten/Sorten		x	
Sinarundinaria Arten		x	
Skimmia Arten			x
Sorbus aucuparia und Sorten	x		
Spiraea 'Triumphans'		x	
'Froebelii'			x

	Baum	Strauch	niedriger Strauch, Bodendecker
nipponica		x	
x vanhouttei		x	
Stephanandra Arten/Sorten		x	x
Stranvaesia davidiana		x	
Symphoricarpos Arten/Sorten		x	x
Tilia Arten/Sorten	x		
Ulmus Arten/Sorten	x		
Vaccinium vitis-idaea 'Koralle'			x
Viburnum Arten/Sorten		x	x
Vinca minor			x
Weigela-Sorten		x	
Nadelgehölze			
Abies koreana	x		
nordmanniana	x		
veitchii	x		
Chamaecyparis obt. 'Nana Gracilis'		x	x
pis. 'Filifera Aurea'	x	x	
pis. 'Filifera Aurea Nana'		x	x
pis. 'Filifera Nana'		x	x
pis. 'Filifera Sungold'		x	x
pis. 'Plumosa'	x	x	
pis. 'Plumosa Aurea'	x	x	
Cupressocyparis-Sorten	x		
Ginkgo biloba	x		
Juniperus chin. 'Mint Julep'		x	
chin. 'Pfitzeriana'		x	
chin. 'Pfitzeriana Aurea'		x	
chin. 'Pfitzeriana Compacta'		x	
Larix Arten/Sorten	x		
Microbiota decussata			x
Picea orientalis	x		
Sciadopitys verticillata	x	x	
Taxodium distichum	x		
Taxus Arten/Sorten	x	x	x
Thuja occidentalis und Sorten	x	x	
orientalis und Sorten	x	x	
plicata 'Excelsa' und 'Aurescens'	x		
Thujopsis dolabrata		x	

Standortansprüche/Eignung

Lichten Schatten unter Bäumen liebend oder vertragend

* Schlinger, Kletterer

Laubgehölze	höhere Sträucher, baumartig	niedere Sträucher, Bodendecker
Acer campestre	x	
Amelanchier lamarckii	x	
Arctostaphylos uva-ursi		x
Berberis candidula		x
verruculosa		x
Buxus sempervirens var. arborescens	x	
semp. 'Handsworthiensis'	x	
semp. 'Suffruticosa'		x
Carpinus betulus	x	
Clematis vitalba*		
viticella*		
Clethra alnifolia		x
aln. 'Rosea'		x
Cornus alba	x	
canadensis		x
mas	x	
sanguinea	x	
Corylus avellana	x	
Cotoneaster dam. 'Coral Beauty'		x
dam. 'Skogholm'		x
dam. 'Streib's Findling'		x
divaricatus	x	
mic. 'Cochleatus'		x
praecox		x
salicifolius var. floccosus	x	
sal. 'Parkteppich'		x
sal. 'Repens'		x
Daphne mezereum		x
Enkianthus campanulatus	x	
Euonymus europaeus	x	
fortunei in Sorten		x
planipes	x	
yedoensis	x	
Fagus silvatica	x	
Gaultheria shallon		x
Hedera Arten/Sorten*	x	x
Hydrangea petiolaris*		x

Prunus laurocerasus 'Schipkaensis Macrophylla'

Hypericum calycinum		x
'Hidcote'		x
x moserianum		x
patulum var. henryi		x
Ilex aquifolium und Sorten	x	x
'Blue Angel'® und ähnliche		x
Kerria japonica		x
Leucothoe catesbaei		x
Ligustrum vulgare	x	
vulg. 'Atrovirens'	x	
vulg. 'Lodense'		x
Lonicera caerulea	x	
kor. 'Zabelii'	x	
maackii	x	
nitida 'Elegant'		x
pileata		x
tatarica	x	
xylosteum	x	
Mahonia aquifolium		x
Pachysandra terminalis		x
Pernettya mucronata und Sorten		x
Physocarpus opulifolius	x	
Pieris Arten/Sorten	x	x

	höhere Sträucher, baumartig	niedere Sträucher, Bodendecker
Prunus laurocerasus-Sorten	x	x
padus	x	
serotina	x	
Rhamnus frangula	x	
Rhododendron Arten/Sorten	x	x
Rhodotypos scandens	x	x
Ribes alpinum	x	x
divaricatum	x	
Rubus fruticosus		x
Sambucus		
nigra	x	
racemosa	x	
Sinarundinaria Arten	x	
Skimmia Arten		x
Sorbaria sorbifolia		x
Stephanandra Arten/Sorten	x	x
Symphoricarpos albus var. laevigatus	x	
x chenaultii	x	x
'Hancock'		x
orbiculatus		x
Vaccinium vitis-idaea 'Koralle'		x
Viburnum lantana	x	
plic. f. tomentosum	x	
rhytidophyllum	x	
Vinca minor		x
Weigela-Sorten	x	
Nadelgehölze		
Chamaecyparis pisifera 'Plumosa'	x	
Cupressocyparis-Sorten	x	
Juniperus chin. 'Pfitzeriana'	x	x
sabina mas		x
Microbiota decussata		x
Picea orientalis	x	
Taxus Arten/Sorten	x	x
Thujopsis dolabrata	x	

Rhododendron

Standortansprüche/Eignung

Für leichte, sandige Böden

* humusliebend

Laubgehölze

	Bäume und höhere Sträucher,	Niedere Sträucher, und Bodendecker	Schlinger, Kletterer
Acanthopanax sieboldianus	x		
Acer campestre	x		
cappad. 'Rubrum'	x		
ginnala	x		
jap. 'Aconitfolium'*	x		
x negl. 'Annae'	x		
negundo und Sorten	x		
palmatum und Sorten*	x	x	
rufinerve	x		
Ailanthus altissima	x		
Akebia quinata			x
Alnus Arten/Sorten	x		
Amelanchier Arten*	x		
Amorpha fruticosa	x		
Aralia elata und Sorten	x		
Arctostaphylos uva-ursi*		x	
Berberis thunbergii und Sorten		x	
wilsoniae var. subcaulialata		x	
Betula pendula und Sorten	x		
Calluna-Sorten*		x	
Caragana arborescens	x		
Ceanothus-Sorten		x	
Clematis paniculata*			x
vitalba*			x
Hybriden – starkwachsende Sorten*			x
Colutea arborescens	x		
Cornus canadensis*		x	
florida und 'Rubra'*	x		
kousa u. var. chinensis*	x		
mas	x		
stolonifera 'Flaviramea'	x		
Cotinus coggygria u. Sorten	x		
Cytisus Arten/Sorten		x	
Daphne mezereum		x	
Deutzia 'Boule de neige'		x	
gracilis		x	
x kalmiiflora	x		
Elaeagnus angustifolia	x		
commutata	x		
multiflora	x		
Empetrum nigrum*		x	
Erica carnea-Sorten*		x	
vagans-Sorten*		x	
Euonymus alatus*	x		
europaeus*	x		
Gaultheria procumbens*		x	
Genista tinctoria		x	
Gleditsia triacanthos u. Sorten	x		
Hedera helix und Sorten*		x	x
Hippophae rhamnoides	x		
Holodiscus disc. var. ariifolius	x		
Hydrangea Arten/Sorten*	x	x	x
Hypericum Arten/Sorten*	x	x	
Jasminum nudiflorum*		x	x
Kalmia angustifolia 'Rubra'*		x	
Kerria japonica und 'Pleniflora'	x	x	
Koelreuteria paniculata	x		
Kolkwitzia amabilis	x		
Laburnum Arten/Sorten	x		
Lespedeza thunbergii	x		
Ligustrum obtus. var. regelianum	x		
ovalifolium*	x		
vulgare u. Sorten*	x	x	
Lonicera caerulea	x		
caprifolium			x
x heckrottii			x
ledebourii	x		
maackii	x		
xylosteum	x		
Lycium halimifolium	x	x	
Morus alba	x		
Nothofagus antarctica	x		
Pachysandra terminalis und Sorten*		x	
Parthenocissus Arten/Sorten			
Paulownia tomentosa	x		
Phellodendron amurense	x		
Philadelphus Arten/Sorten	x		
Photinia villosa*	x		
Physocarpus opulifolius	x		

Standortansprüche/Eignung

Hypericum calycinum

Pinus silvestris

	Bäume und höhere Sträucher,	Niedere Sträucher, und Bodendecker	Schlinger, Kletterer
Pieris floribunda*	x	x	
Platanus acerifolia	x		
Polygonum aubertii			x
Populus alba 'Nivea'	x		
balsamifera	x		
x berolinensis	x		
canescens	x		
nigra 'Italica'	x		
tremula	x		
Potentilla-Sorten		x	
Prunus cerasifera und Sorten	x		
mahaleb	x		
serotina	x		
serrulata-Sorten	x		
subhirtella-Sorten	x		
triloba			
Quercus macranthera	x		
robur und 'Fastigiata'	x		
rubra	x		
Rhus typhina und 'Dissecta'	x		
Ribes Arten/Sorten	x	x	
Robinia Arten/Sorten	x		
Rosa 'Dagmar Hastrup'		x	
nitida		x	
pimpinellifolia	x		
rugosa		x	
x rugotida		x	
Rubus fruticosus		x	
odoratus	x		
Salix caprea und Sorten	x		
cinerea	x		
daphnoides	x		
elaeagnos	x		
x erythroflexuosa	x		
fragilis	x		
pomeranica mas	x		
purpurea und 'Nana'	x	x	
rosmarinifolia	x		
'Sekka'	x		
'Silberglanz'	x		
'Wehrhahnii'		x	
Sambucus racemosa	x		
Sophora japonica	x		

Standortansprüche/Eignung

	Bäume und höhere Sträucher	Niedere Sträucher und Bodendecker	Schlinger, Kletterer
Sorbaria aitchisonii	x		
sorbifolia		x	
Sorbus aria	x		
aucuparia und Sorten	x		
intermedia	x		
Spiraea Arten/Sorten	x	x	
Staphylea colchica	x		
Symphoricarpos Arten/Sorten	x	x	
Tamarix Arten	x		
Ulmus carpinifolia	x		
Viburnum lantana	x		
Vinca minor		x	
Nadelgehölze			
Abies concolor	x		
Cedrus Arten/Sorten	x		
Chamaecyparis laws.-Sorten	x	x	
Cupressocyparis-Sorten	x		
Juniperus chin. Arten/Sorten	x	x	
comm.-Sorten	x	x	
horizontalis und Sorten*		x	
sabina-Sorten		x	
Larix kaempferi	x		
Metasequoia glyptostroboides	x		
Microbiota decussata*		x	
Picea abies-Sorten	x	x	
breweriana	x		
glauca-Sorten		x	
omorika und Sorten	x	x	
Pinus Arten/Sorten	x	x	
Pseudolarix kaempferi	x		
Thuja occidentalis und Sorten	x	x	
Thujopsis dolabrata	x		
Tsuga canadensis	x		

Für schwere bis tonige Böden

* humusliebend

Laubgehölze	Bäume und höhere Sträucher	Niedere Sträucher und Bodendecker	Schlinger, Kletterer
Acer platanoides	x		
saccharinum und Sorten	x		
Aesculus Arten/Sorten	x		
Chaenomeles Arten/Sorten	x	x	
Clematis montana u. Sorten			x
vitalba			x
Cornus kousa u. var. chinensis*	x		
mas	x		
Corylus avellana u. Sorten	x		
max. purpurea	x		
Cotoneaster bullatus	x		
mic. 'Cochleatus'		x	
multiflorus	x		
praecox		x	
sal. var. floccosus	x		
x watereri	x		
Crataegus 'Carrierei'	x		
crus-galli	x		
x prunifolia	x		
Decaisnea fargesii	x		
Deutzia Arten/Sorten	x	x	
Elaeagnus pung. 'Maculata'*		x	
Enkianthus campanulatus*	x		
Euonymus europaeus*	x		
fort. var. vegetus*		x	
Fagus silvatica u. Sorten	x		
Forsythia-Sorten	x		
Fraxinus excelsior u. Sorten	x		
Gartenrosen/Edelrosen aller Gruppen		x	
Hamamelis japonica*	x		
Hybriden*	x		
Hedera helix und Sorten*		x	x
hibernica*		x	x
Hippophae rhamnoides	x		
Hydrangea petiolaris*		x	x
Hybriden wie 'Blue Bird'*	x	x	
Ilex aquifolium u. Sorten*	x	x	
Juglans nigra	x		
regia	x		
Kolkwitzia amabilis	x		
Laburnum 'Vossii'	x		

	Bäume und höhere Sträucher	Niedere Sträucher und Bodendecker	Schlinger, Kletterer
Lespedeza thunbergii	x		
Ligustrum ovalifolium*	x		
vulgare u. Sorten	x		
Liquidambar styraciflua	x		
Liriodendron tulipifera	x		
Lonicera caprifolium			x
x heckrottii			x
korolkowii 'Zabelii'	x		
ledebourii	x		
maackii	x		
nitida 'Elegant'*		x	
pileata*		x	
tatarica	x		
Magnolia kobus	x		
Mahonia aquifolium*		x	
bealii*		x	
Nothofagus antarctica	x		
Parrotia persica	x		
Parthenocissus Arten/Sorten			x
Philadelphus Arten/Sorten	x		
Physocarpus	x		
Populus nigra 'Italica'	x		
'Robusta'	x		
Prunus avium	x		
cerasifera u. Sorten	x		
laurocerasus-Sorten*	x	x	
padus	x		
serrulata-Sorten	x		
spinosa	x		
Pterocarya fraxinifolia	x		
Pyracantha-Sorten	x	x	
Rhododendron-Hybriden*	x	x	
Azalea pontica*	x		
Rosa canina	x		
multiflora	x		
rubiginosa	x		
rugosa		x	
Rubus fruticosus		x	
Salix alba u. Sorten	x		
caprea	x		
daphnoides	x		
x smithiana	x		

Fraxinus excelsior

Picea orientalis

Standortansprüche/Eignung

	Bäume und höhere Sträucher	Niedere Sträucher und Bodendecker	Schlinger und Kletterer
Sambucus nigra	x		
Sorbus aucuparia u. Sorten	x		
intermedia	x		
Spiraea nipponica	x		
x vanhouttei	x		
Symphoricarpos x chenaultii	x	x	
Syringa x chinensis	x		
reflexa	x		
x swegiflexa	x		
vulgaris	x		
Tilia Arten/Sorten	x		
Ulmus carpinifolia	x		
Viburnum lantana	x		
opulus u. Sorten	x		
plicatum	x		
plic. f. tomentosum	x		
Vitis coignetiae			x
Weigela-Sorten	x		
Wisteria Arten/Sorten			x
<u>**Nadelgehölze**</u>			
Abies nordmanniana	x		
Cedrus atl. 'Glauca'	x		
deodara	x		
Chamaecyparis laws.-Sorten	x	x	
nootkatensis-Sorten	x		
x **Cupressocyparis**-Sorten	x		
Juniperus chinensis-Sorten	x	x	
sabina mas*		x	
sab. 'Tamariscifolia'*		x	
Larix Arten/Sorten	x		
Metasequoia glyptostroboides	x		
Picea orientalis	x		
pungens u. Sorten	x		
Pinus cembra	x		
flexilis	x		
leucodermis	x		
nigra austriaca	x		
wallichiana	x		
Pseudotsuga menziesii var. caesia	x		
Sciadopitys verticillata*	x		
Sequoiadendron giganteum	x		
Taxus baccata u. Sorten*	x	x	
Thuja occidentalis u. Sorten*	x	x	
plicata 'Excelsa'	x		
Tsuga canadensis u. Sorten*	x	x	

Für feuchte bis nasse Standorte

	Bäume	Höhere Sträucher	Niedere Sträucher, Bodendecker
<u>**Laubgehölze**</u>			
Acer negundo u. Sorten	x		
rubrum	x		
platanoides u. Sorten	x		
saccharinum u. Sorten	x		
Alnus glutinosa	x		
Amelanchier lamarckii		x	
Betula nana			x
nigra	x		
platyphylla var. japonica	x		
utilis	x		
Callicarpa bodinieri var. giraldii		x	
Calycanthus floridus		x	
Carpinus betulus u. 'Fastigiata'	x		
Cercidiphyllum japonicum	x		
Clethra alnifolia u. 'Rosea'		x	
Cornus alba u. Sorten		x	
controversa	x	x	
sanguinea		x	
stolonifera 'Flaviramea'		x	
Corylus avellana		x	
Daphne mezereum			x
Empetrum nigrum			x
Enkianthus campanulatus		x	
Erica tetralix			x
Euonymus fortunei-Sorten			x
europaeus		x	
Fraxinus excelsior u. Sorten	x		
Gaultheria shallon			x
Hibiscus-Sorten		x	x
Hydrangea Arten/Sorten		x	x

Salix alba

Prunus lauro. 'Otto Luyken'

	Bäume	Höhere Sträucher	Niedere Sträucher, Bodendecker
Ilex aquif. u. Sorten	x	x	x
Kalmia latifolia		x	
Kalopanax pictus var. maximowiczii		x	
Kerria japonica		x	
jap. 'Pleniflora'		x	
Leucothoe catesbaei			x
Liquidambar styraciflua	x		
Liriodendron tulipifera	x		
Lonicera caerulea		x	
caprifolium (Schlinger)			
ledebourii		x	
Parrotia persica	x	x	
Physocarpus opulifolius u. 'Luteus'		x	
Pieris Arten/Sorten		x	x
Platanus acerifolia	x		
Populus alba 'Nivea'	x		
balsamifera	x		
canescens	x		
lasiocarpa	x		
nigra 'Italica'	x		
tremula	x		
Potentilla fruticosa u. Sorten		x	x
Prunus avium	x		
laurocerasus-Sorten		x	x
padus	x		
Pterocarya fraxinifolia	x		
Quercus palustris	x		
Rhamnus frangula		x	
Rhododendron-Hybriden		x	x
repens-Hybriden			x
williamsianum-Hybriden		x	x
Azalea mollis-Hybriden		x	x
Azalea pontica-Hybriden		x	
Azalea Knap Hill-Sorten		x	
Rosa rugosa			x
Rubus fruticosus			x
odoratus		x	
Salix alba u. Sorten	x		
aurita		x	
balsamifera mas		x	

	Bäume	Höhere Sträucher	Niedere Sträucher, Bodendecker
caprea u. Formen	x	x	
cinerea		x	
elaeagnos		x	
x erythroflexuosa	x		
fragilis	x		
pomeranica mas		x	
purpurea	x	x	
purpurea nana		x	x
repens argentea			x
rosmarinifolia		x	
'Sekka'		x	
'Silberglanz'		x	
x smithiana	x	x	
'Tortuosa'	x		
viminalis		x	
Sambucus canadensis u. Sorten		x	
nigra		x	
Sorbus americana	x		
Symphoricarpos albus var. laevigatus		x	
Ulmus carpinifolia	x		
Viburnum x burkwoodii		x	
opulus u. Sorten		x	
rhytidophyllum		x	
Nadelgehölze			
Abies nordmanniana	x		
veitchii	x		
Metasequoia glyptostroboides	x		
Microbiota decussata			x
Picea abies	x		
sitchensis	x		
Pinus strobus	x		
Sequoiadendron giganteum	x		
Taxodium distichum	x		
Thuja occidentalis	x		
Tsuga canadensis	x		

Für extrem trockene Standorte

	Bäume und höhere Sträucher	Niedere Sträucher und Bodendecker	Schlinger und Kletterer
Laubgehölze			
Acanthopanax sieboldianus	x		
Acer ginnala	x		
tataricum	x		
Ailanthus altissima	x		
Alnus cordata	x		
incana	x		
Amelanchier laevis	x		
Amorpha fruticosa	x		
Arctostaphylos uva-ursi		x	
Berberis 'Stenophylla'		x	
thunbergii u. Sorten		x	
wilsoniae var. subcaulialata		x	
Betula pendula u. Sorten	x		
Buddleia alternifolia	x		
Campsis radicans			x
Caragana arborescens	x		
Caryopteris-Sorten		x	
Ceanothus-Sorten		x	
Chaenomeles lagenaria	x		
Colutea arborescens	x		
Corylus colurna	x		
Cotinus Arten/Sorten	x		
Cytisus Arten/Sorten		x	
Daphne cneorum		x	
Elaeagnus angustifolia	x		
commutata	x		
Fraxinus ornus	x		
Genista Arten/Sorten		x	
Gleditsia triacanthos u. Sorten	x		
Gymnocladus dioicus	x		
Hamamelis virginiana	x		
Hippophae rhamnoides	x		
Hypericum calycinum		x	
Koelreuteria paniculata	x		
Laburnum Arten/Sorten	x		
Lavandula angustifolia		x	
Lespedeza thunbergii		x	
Lonicera korolkowii	x		

	Bäume und höhere Sträucher	Niedere Sträucher und Bodendecker	Schlinger und Kletterer
Lycium halimifolium	x	x	
Malus sargentii	x		
Parthenocissus quinquefolia			x
Perovskia-Sorten		x	
Populus alba 'Nivea'	x		
canescens	x		
Prunus mahaleb	x		
serotina	x		
spinosa	x		
Pyrus salicifolia	x		
Rhamnus catharticus	x		
Robinia hispida u. Sorten	x		
kelseyi	x		
neomexicana	x		
pseudoacacia u. Sorten	x		
Rosa pimpinellifolia	x		
rubiginosa	x		
rugosa		x	
x rugotida		x	
setipoda	x		
Rubus fruticosus		x	
Salix acutifolia var. pendulifolia	x		
elaeagnos	x		
repens argentea		x	
rosmarinifolia	x		
Sophora japonica	x		
Sorbaria aitchisonii	x		
Symphoricarpos Arten/Sorten	x	x	
Tamarix Arten/Sorten	x		
Nadelgehölze			
Cedrus atl. 'Glauca'	x		
atl. 'Glauca Pendula'	x		
Juniperus chin. 'Hetzii'	x		
chin. 'Obelisk'	x		
chin. 'Pfitzeriana'	x		
communis-Sorten	x	x	
squam. 'Blue Carpet'		x	
squam. 'Blue Star'		x	
squam. 'Meyeri'	x		
virg. 'Glauca'	x		
virg. 'Grey Owl'	x		
virg. 'Skyrocket'	x		

	Bäume und höhere Sträucher	Niedere Sträucher und Bodendecker	Schlinger, Kletterer
Picea pungens 'Glauca'	x		
pung. 'Glauca Globosa'	x		
pung. 'Hoopsii'	x		
pung. 'Koster'	x		
Pinus aristata	x		
contorta	x		
leucodermis	x		
mugo u. Sorten	x	x	
peuce	x		
ponderosa	x		
silvestris	x		
Tsuga mertensiana 'Glauca'	x		

Berberis 'Stenophylla'

Standortansprüche/Eignung

Steinig/felsiger Boden

* Schlinger, Kletterer

	höhere Sträucher, baumartig	niedere Sträucher, Bodendecker
Laubgehölze		
Acer campestre	x	
x negl. 'Annae'	x	
Alnus incana	x	
viridis	x	
Amelanchier lamarckii	x	
Amorpha fruticosa	x	
Berberis 'Stenophylla'		x
thunbergii		x
verruculosa		x
Betula nana		x
pendula und Sorten	x	
Buddleia Arten/Sorten	x	
Buxus sempervirens 'Arborescens'	x	
Calluna vulgaris-Sorten		x
Caragana arborescens	x	
Catalpa bignonioides	x	
Ceanothus-Sorten		x
Cercis siliquastrum	x	
Chaenomeles Arten/Sorten	x	x
Clematis alpina*		
Colutea arborescens	x	
Cotoneaster acutifolia	x	
dielsianus	x	
horizontalis		x
praecox		x
Crataegus monogyna	x	
Cytisus Arten/Sorten		x
Elaeagnus angustifolia	x	
commutata	x	
Fraxinus ornus	x	
Genista Arten		x
Gleditsia triacanthos	x	
Hippophae rhamnoides	x	
Jasminum nudiflorum		x
Koelreuteria paniculata	x	
Laburnum alpinum	x	
Lavandula angustifolia		x
Lespedeza thunbergii	x	

Cotoneaster horizontalis

Pinus aristata

	höhere Sträucher, baumartig	niedere Sträucher, Bodendecker
Ligustrum vulgare 'Lodense'		x
Lonicera caerulea	x	
xylosteum	x	
Lycium halimifolium	x	
Perovskia-Sorten		x
Populus tremula	x	
Prunus avium	x	
cerasifera	x	
mahaleb	x	
spinosa	x	
Pyracantha in Sorten	x	x
Rhamnus catharticus	x	
Ribes alpinum	x	x
divaricatum	x	
Robinia pseudoacacia	x	
Rosa canina	x	
glauca	x	
rubiginosa	x	
rugosa		x
x rugotida		x
Rubus fruticosus		x
Sorbus aucuparia	x	
Stephanandra Arten/Sorten		x
Symphoricarpos x chenaultii		x
Tamarix Arten	x	
Viburnum lantana	x	
Nadelgehölze		
Ginkgo biloba	x	
Juniperus communis-Sorten	x	x
horizontalis und Sorten		x
squamata-Sorten		x
Larix-Arten	x	
Microbiota decussata		x
Picea omorika	x	
pungens und Sorten	x	
Pinus aristata	x	
cembra	x	
mugo und Sorten	x	x
nigra austriaca	x	
parvif. 'Glauca'	x	

Verwendungsbereiche für Bäume

Parkbäume – bevorzugt zur Einzelstellung und in Gruppen

Laubgehölze

Acer negundo
negundo 'Aureo-variegatum'
negundo 'Odessanum'
negundo 'Variegatum'
pensylvanicum
platanoides
plat. 'Crimson King'
plat. 'Emerald Queen'
plat. 'Faassen's Black'
plat. 'Schwedleri'
plat. 'Summershade'
pseudoplatanus
pseud. 'Erectum'
pseud. 'Negenia'
pseud. 'Rotterdam'
pseud. 'Spaethii'
rubrum
rufinerve
saccharinum
sacch. 'Borns Graciosa'®
sacch. 'Wieri'

Aesculus x carnea
x carnea 'Briotii'
hippocastanum
hipp. 'Baumannii'

Ailanthus altissima

Alnus cordata

Betula albosinensis
ermanii
maximowicziana
nigra
papyrifera
pendula
pendula 'Dalecarlica'
pendula 'Purpurea'
pendula 'Tristis'
platyphylla var. japonica
utilis

Carpinus betulus

Castanea sativa

Catalpa bignonioides

Cercidiphyllum japonicum

Corylus colurna

Davidia involucrata var. vilmoriniana

Fagus silvatica
silv. 'Asplenifolia'
silv. 'Atropunicea'
silv. 'Pendula'
silv. f. purpurea
silv. 'Purpurea Pendula'
silv. 'Swat Magret'

Fraxinus excelsior
exc. 'Diversifolia'
exc. 'Doorenbos'
exc. 'Pendula'
exc. 'Westhof's Glorie'
ornus

Gleditsia triacanthos
tria. 'Skyline'
tria. 'Sunburst'

Gymnocladus dioicus

Juglans nigra
regia

Laburnum 'Vossii'

Liquidambar styraciflua

Liriodendron tulipifera

Malus Arten/Sorten

Aesculus hippocastanum

Paulownia tomentosa

Platanus x acerifolia

Populus alba 'Nivea'
balsamifera
x berolinensis
canescens
lasiocarpa
simonii
tremula

Prunus avium
avium 'Plena'
padus
serotina
serrulata 'Amanogawa'
serr. 'Kanzan'
serr. 'Pink Perfection'
serr. 'Shirofugen'
serr. 'Shirotae'
subhirtella
subh. 'Autumnalis'
subh. 'Fukubana'

Pterocarya fraxinifolia

Quercus cerris
coccinea
frainetto
macranthera
palustris
petraea
'Pseudoturneri'
robur
robur 'Fastigiata'
rubra

Robinia pseudoacacia
pseud. 'Frisia'
pseud. 'Monophylla'
pseud. 'Tortuosa'

Salix alba
alba 'Liempde'
alba 'Tristis'
alba 'Tristis Resistenta'

Sophora japonica

Sorbus aria
aria 'Lutescens'
aria 'Magnifica'
aucuparia
auc. 'Fastigiata'
auc. var. edulis
intermedia
int. 'Brouwers'
Lombarts-Hybriden
x thuringiaca 'Fastigiata'

Ailanthus altissima

Quercus robur

Verwendungsbereiche für Bäume

Tilia americana 'Nova'
cordata
x euchlora
'Glenleven'
'Greenspire'
x intermedia
'Pallida'
platyphyllos
tomentosa

Ulmus carpinifolia
'Commelin'
glabra
glabra 'Pendula'
'Groeneveld'

Nadelgehölze

Abies concolor
homolepis
nordmanniana
veitchii

Cedrus atlantica 'Glauca'

Chamaecyparis lawsoniana
'Golden Wonder'
laws. 'Kelleriis Gold'
laws. 'Lane'
laws. 'Glauca Spek'
laws. 'Stewartii'
nootkatensis 'Glauca'
nootk. 'Pendula'
pisifera 'Plumosa'
pis. 'Plumosa Aurea'

Cupressocyparis
x leylandii
'Castlewellan Gold'
'Leighton Green'

Ginkgo biloba

Larix decidua
decidua 'Pendula'
kaempferi
kaempferi 'Pendula'

Metasequoia glyptostroboides

Picea abies
abies 'Virgata'
breweriana
omorika
orientalis

Picea pungens
pungens 'Glauca'
pungens 'Hoopsii'
pungens 'Koster'
sitchensis

Pinus cembra
contorta
flexilis
leucodermis
nigra austriaca
peuce
ponderosa
x schwerinii
silvestris
strobus
wallichiana

Pseudolarix kaempferi

Pseudotsuga menziesii var. caesia

Sequoiadendron giganteum

Taxodium distichum

Taxus baccata

Thuja occidentalis
plicata 'Excelsa'
plicata 'Aurescens'

Tsuga canadensis
diversifolia
mertensiana

Pinus ponderosa

Straßenbäume für innerstädtische Standorte

Innerstädtische Standorte weichen im Vergleich zur freien Natur ab durch Klima (u. a. höhere Lufttemperaturen, geringere rel. Luftfeuchte, Reflektions-Strahlungen von den Seiten und von unten) und Boden (u. a. höherer pH-Wert, unausgeglichenere Nährstoffverhältnisse, mangelnde Durchlüftung, Übersalzung, zu geringer Bodenraum).
Einem solchen Dauerstreß ist nur eine begrenzte Auswahl von Arten/Sorten längerfristig gewachsen.
Die folgende Liste ist eine Zusammenstellung aus der Sicht von Baumschulen nach eigenen Erfahrungen, Bedarfslisten und Kundengesprächen.
Allgemein fällt auf, daß anderweitig veröffentlichte und bekanntgewordene Urteile über bestimmte Baumarten stärker schwanken als dies aus unterschiedlichen Boden- und Klimafaktoren erklärbar ist.

Laubgehölze

Acer campestre
platanoides
plat. 'Cleveland'
plat. 'Columnare'
plat. 'Emerald Queen'
plat. 'Faassen's Black'
plat. 'Globosum'
plat. 'Reitenbachii'
plat. 'Schwedleri'
pseudoplatanus
pseud. 'Erectum'
pseud. 'Negenia'

Aesculus x carnea
x carnea 'Briotii'
hipp. 'Baumannii'

Carpinus betulus 'Fastigiata'

Catalpa bignonioides 'Nana'

Corylus colurna

Crataegus 'Carrierei'
crus-galli
laevigata 'Paul's Scarlet'

Fraxinus excelsior
excelsior 'Diversifolia'
excelsior Westhof's Glorie'

Ginkgo biloba

Gleditsia triacanthos
triac. 'Inermis'
triac. 'Skyline'

Platanus x acerifolia

Populus nigra 'Italica'

Prunus cerasifera 'Nigra'
serrul. 'Kanzan'

Quercus palustris
robur
robur 'Fastigiata'

Robinia pseud. 'Bessoniana'
pseud. 'Monophylla'
pseud. 'Umbraculifera'

Sophora japonica

Sorbus aria 'Magnifica'
intermedia 'Brouwers'

Tilia x euchlora
'Glenleven'
'Greenspire'
x intermedia
'Pallida'
tomentosa

In diesem Zusammenhang verweisen wir auf die Straßenbaumliste der Gartenbauamtsleiter

„Beurteilung von Baumarten
für die Verwendung
im städtischen Straßenraum"

Die Ständige Konferenz der Gartenbauamtsleiter beauftragte am 16.9.1975 eine Arbeitsgruppe* mit der Aufgabe, die Baumarten zusammenzustellen, die für die Bepflanzung von Straßen und Plätzen im städtischen Bereich des mitteleuropäischen Raumes geeignet sind. Die Liste wurde mit dem Bund deutscher Baumschulen (BdB) abgestimmt und auf der Jahrestagung der Ständigen Konferenz der Gartenbauamtsleiter beim Deutschen Städtetag am 22.9.1976 in Mönchengladbach beschlossen; gemäß Beschluß ist die Liste wiederholt überarbeitet worden.
Grundlage für die Beurteilung der Eignung sind vor allem die fachlichen Erfahrungen der beauftragten Bearbeitergruppe, einschlägige Literaturangaben sowie die Diskussionsergebnisse der Konferenz der Gartenbauamtsleiter. Die richtige Wertung und Anwendung der Angaben der Liste bleibt dem Fachmann vorbehalten.

* Mitglieder des Arbeitskreises: G. Blauermel, Krefeld (Sprecher); Dr. K. Klaffke, Hannover; R. Monard, Hamburg; H.-J. Taurit, Kassel; H. Wawrik, Mannheim sowie früher Dr. E. Laage, Thönse und unter Berücksichtigung von Anregungen von Prof. Dr. Kiermeyer.

Verwendungsbereiche für Bäume

Straßenbäume für Standorte in aufgelockerter Bebauung – Wohn- und Vorstadtstraßen, Ausfallstraßen in breiten Grünstreifen

Fraxinus exc. 'Diversifolia'

Populus nigra 'Italica'

Laubgehölze

Acer campestre
platanoides
plat. 'Cleveland'
plat. 'Columnare'
plat. 'Crimson King'
plat. 'Emerald Queen'
plat. 'Faassen's Black'
plat. 'Globosum'
plat. 'Reitenbachii'
plat. 'Schwedleri'
plat. 'Summershade'
pseudoplatanus
pseud. 'Erectum'
pseud. 'Negenia'
pseud. 'Rotterdam'
pseud. 'Spaethii'
rubrum
saccharinum
sacch. 'Borns Graciosa'®

Aesculus x carnea
x carnea 'Briotii'
hipp. 'Baumannii'

Ailanthus altissima

Alnus cordata
glutinosa
incana

Carpinus betulus 'Fastigiata'

Catalpa bignonioides 'Nana'

Corylus colurna

Crataegus 'Carrierei'
crus-galli
laevigata 'Paul's Scarlet'

Fraxinus excelsior
exc. 'Diversifolia'
exc. 'Doorenbos'
exc. 'Nana'
exc. 'Westhof's Glorie'
ornus

Gleditsia triacanthos
triac. 'Skyline'
triac. 'Sunburst'

Laburnum 'Vossii'

Liquidambar styraciflua

Liriodendron tulipifera

Malus

Platanus x acerifolia

Populus x berolinensis
canescens
nigra 'Italica'
simonii
tremula

Prunus avium 'Plena'
cerasifera 'Nigra'
serrulata 'Amanogawa'
serr. 'Kanzan'
serr. 'Pink Perfection'
serr. Shirofugen'
serr. 'Shirotae'
subhirtella
subh. 'Autumnalis'
subh. 'Fukubana'

Pterocarya fraxinifolia

Quercus cerris
coccinea
frainetto
palustris
petraea
robur
robur 'Fastigiata'
rubra

Robinia pseudoacacia
pseud. 'Bessoniana'
pseud. 'Frisia'
pseud. 'Monophylla'
pseud. 'Pyramidalis'
pseud. 'Umbraculifera'

Salix alba 'Liempde'

Sophora japonica

Sorbus aria 'Lutescens'
aria 'Magnifica'
aucuparia 'Fastigiata'
intermedia
intermedia 'Brouwers'
x thuringiaca 'Fastigiata'

Tilia americana 'Nova'
x euchlora
'Glenleven'
'Greenspire'
x intermedia
'Pallida'
tomentosa

Ulmus 'Commelin'
'Groeneveld'

Nadelgehölze

Ginkgo biloba

Straßenbäume für Standorte in freier Landschaft

Laubgehölze

Acer campestre
platanoides
plat. 'Emerald Queen'
plat. 'Summershade'
pseudoplatanus
pseud. 'Erectum'
pseud. 'Negenia'
pseud. 'Rotterdam'
rubrum
saccharinum

Aesculus hippocastanum
hipp. 'Baumannii'

Alnus cordata
glutinosa
incana

Betula papyrifera
pendula

Carpinus betulus

Acer platanoides

Verwendungsbereiche für Bäume

Castanea sativa

Corylus colurna

Fraxinus excelsior
exc. 'Diversifolia'
exc. 'Doorenbos'
exc. 'Westhof's Glorie'

Platanus x acerifolia

Populus balsamifera
x berolinensis
canescens
nigra 'Italica'
'Robusta'
simonii
tremula

Prunus avium
avium 'Plena'
padus
serotina

Pterocarya fraxinifolia

Quercus cerris
frainetto
palustris
petraea
robur

Robinia pseudoacacia
pseud. 'Monophylla'

Salix alba
alba 'Liempde'

Sorbus aucuparia
auc. var. edulis
intermedia
intermedia 'Brouwers'
x thuringiaca 'Fastigiata'

Tilia americana 'Nova'
cordata
x euchlora
'Glenleven'
'Greenspire'
x intermedia
'Pallida'
platyphyllos
tomentosa

Ulmus carpinifolia
'Commelin'
glabra
'Groeneveld'

Prunus avium

Sorbus intermedia

Verwendungsbereiche für Bäume

Bäume: zur Begrünung von Parkplätzen

Laubgehölze

	Mittelgroße bis große Gestalt	Mittlere bis kleinere Kronen
Acer platanoides	x	
plat. 'Cleveland'	x	
plat. 'Columnare'	x	
plat. 'Crimson King'	x	
plat. 'Emerald Queen'	x	
plat. 'Faassen's Black'	x	
plat. 'Globosum'		x
plat. 'Reitenbachii'	x	
plat. 'Schwedleri'	x	
pseud. 'Erectum'	x	
pseud. 'Negenia'	x	
pseud. 'Rotterdam'	x	
pseud. 'Spaethii'	x	
saccharinum	x	
sacch. 'Borns Graciosa'®	x	
Aesculus x carnea 'Briotii'	x	
hipp. 'Baumannii'	x	
Carpinus betulus 'Fastigiata'	x	
Catalpa big. 'Nana'		x
Crataegus 'Carrierei'		x
crus-galli		x
laevigata 'Paul's Scarlet'		x
Fraxinus exc. 'Diversifolia'	x	
exc. 'Nana'		x
Gleditsia triacanthos	x	
triac. 'Skyline'		x
triac. 'Sunburst'		x
Laburnum 'Vossii'		x
Platanus x acerifolia	x	
Prunus cerasifera 'Nigra'		x
Quercus robur	x	
Robinia pseud. 'Bessoniana'	x	
pseud. 'Pyramidalis'		x
pseud. 'Umbraculifera'		x
Sorbus aria 'Lutescens'		x
aria 'Magnifica'		x
intermedia	x	
intermedia 'Brouwers'	x	

Crataegus laevigata 'Paul's Scarlet'

Verwendungsbereiche für Bäume

Blütenbäume

(mit auffallender Blüte)

Aesculus x carnea
x carnea 'Briotii'
hippocastanum
hipp. 'Baumannii'

Castanea sativa

Catalpa bignonioides

Crataegus laevigata 'Paul's Scarlet'

Davidia involucrata var. vilmoriniana

Fraxinus ornus

Laburnum 'Vossii'

Liriodendron tulipifera

Malus-Sorten

Paulownia tomentosa

Prunus avium
avium 'Plena'
cerasifera 'Nigra'
padus
serotina
serrulata 'Amanogawa'
serr. 'Kanzan'
serr. 'Pink Perfection'
serr. 'Shirofugen'
serr. 'Shirotae'
subhirtella
subh. 'Autumnalis'
subh. 'Fukubana'

Robinia pseudoacacia

Sophora japonica

Sorbus aucuparia
auc. 'Fastigiata'
auc. var. edulis
intermedia
intermedia 'Brouwers'
Lombarts-Hybriden
x thuringiaca 'Fastigiata'

Tilia americana 'Nova'
cordata
x euchlora
x intermedia
'Pallida'
platyphyllos
tomentosa

Laburnum 'Vossii'

Prunus sargentii

Bäume für Fußgängerbereiche

Laubgehölze

Acer campestre
negundo 'Aureo-variegatum'
negundo 'Odessanum'
negundo 'Variegatum'
pensylvanicum
platanoides 'Cleveland'
plat. 'Columnare'
plat. 'Globosum'
plat. 'Reitenbachii'
rufinerve
saccharinum
sacch. 'Borns Graciosa'®
sacch. 'Wieri'

Aesculus x carnea 'Briotii'

Betula nigra

Carpinus betulus 'Fastigiata'

Catalpa big. 'Nana'

Corylus colurna

Crataegus 'Carrierei'
crus-galli

Fraxinus exc. 'Diversifolia'
exc. 'Nana'
exc. 'Pendula'
ornus

Gleditsia triacanthos 'Skyline'
triac. 'Sunburst'

Paulownia tomentosa

Platanus x acerifolia

Prunus cerasifera 'Nigra'
serrulata 'Amanogawa'
serr. 'Kanzan'
serr. 'Pink Perfection'
serr. 'Shirofugen'
serr. 'Shirotae'
subhirtella
subh. 'Autumnalis'
subh. 'Fukubana'

Quercus robur 'Fastigiata'

Robinia pseud. 'Bessoniana'
pseud. 'Frisia'
pseud. 'Pyramidalis'
pseud. 'Tortuosa'
pseud. 'Umbraculifera'

Sophora japonica

Robinia pseud. 'Umbraculifera'

Prunus serrul. 'Kanzan'

Kübel und Tröge

Für größere Pflanzkübel und Pflanztröge

* immergrün (wintergrün)

	Hochwachsend	Breitwachsend/ niedrigbleibend
Laubgehölze		
Acer palm. 'Dissectum' in Sorten		x
negundo-Sorten	x	
Aesculus parviflora	x	
Berberis candidula*		x
thunbergii und Sorten	x	x
verruculosa*		x
Betula nana		x
Buddleia alternifolia	x	
Buxus semp. 'Handsworthiensis'*	x	
Calluna vulgaris in Sorten*		x
Caryopteris in Sorten		x
Chaenomeles-Hybriden	x	x
Corylus avellana 'Contorta'	x	
Cotinus coggygria und Sorten	x	
Cotoneaster adpressus		x
dammeri-Sorten*		x
franchetii	x	
horizontalis		x
mic. 'Cochleatus'*		x
'Pendulus'	x	x
sternianus	x	
Cytisus x beanii		x
decumbens		x
x kewensis		x
Daphne cneorum		x
Erica carnea-Hybriden*		x
Euonymus fortunei-Sorten*		x
phellomanus	x	
Genista Arten/Sorten		x
Hedera Arten/Sorten*		x
Hydrangea aspera-Sorten	x	
Hybriden wie 'Blue Bird'	x	x
Hypericum Arten		x
Ilex 'Blue Princess'®*	x	x
crenata*	x	
crenata 'Convexa'*		x
Jasminum nudiflorum		x
Kalmia ang. 'Rubra'*		x
Lavandula angustifolia*		x
Lespedeza thunbergii	x	
Leucothoe catesbaei*		x
Lonicera pileata*		x
Mahonia aquifolium*		x
aquif. 'Apollo'*		x
bealii*	x	
Pernettya mucronata und Sorten*		x
Perovskia-Sorten		x
Photinia villosa	x	
Potentilla-Sorten		x
Prunus x cistena	x	x
Pyracantha 'Orange Glow'*	x	
'Soleil d'Or'*		x
Quercus 'Pseudoturneri'	x	
Rhododendron impeditum-Hybriden*		x
repens-Hybriden*		x
yakushimanum-Hybriden*		x
Japanische Azaleen*		x

Kübel und Tröge

	Hochwachsend	Breitwachsend/ niedrigbleibend
Rhus typhina	x	
typh. 'Dissecta'	x	
Rosen, Zwerg-Rosen	x	
Salix caprea pendula	x	
x grahamii		x
'Sekka'	x	
x simulatrix		x
Skimmia x foremanii*		x
japonica*		x
Spiraea 'Little Princess'		x
Stranvaesia davidiana*	x	
Syringa microphylla 'Superba'	x	
Vaccinium vitis-idaea 'Koralle'*		x
Viburnum x burkwoodii*	x	
davidii*		x

Nadelgehölze*

	Hochwachsend	Breitwachsend/ niedrigbleibend
Abies bals. 'Nana'		x
Chamaecyparis laws. 'Minima Glauca'		x
laws. 'Tharandtensis'		x
obt. 'Nana Gracilis'		x
pis. 'Filifera Aurea Nana'		x
pis. 'Filifera Nana'		x
pis. 'Sungold'		x
Juniperus chin. 'Old Gold'		x
comm. 'Repanda'		x
horizontalis		x
hor. 'Glauca'		x
sab. 'Tamariscifolia'		x
squam. 'Blue Carpet'		x
squam. 'Blue Star'		x
virg. 'Skyrocket'	x	
Microbiota decussata		x
Picea abies 'Acrocona'	x	
abies 'Echiniformis'		x
abies 'Inversa'	x	x
abies 'Little Gem'		x
abies 'Nidiformis'		x
abies 'Pumila Glauca'		x
abies 'Pygmaea'		x
glauca 'Alberta Globe'		x
glauca 'Echiniformis'		x
mar. 'Nana'		x
omor. 'Nana'		x
Pinus cemb. 'Glauca'		x
dens. 'Pumila'		x
mugo und Sorten	x	x
pum. 'Glauca'		x
silv. 'Fastigiata'	x	
silv. 'Waterer'	x	x
Taxus baccata	x	x
bacc. 'Dovastoniana'	x	x
bacc. 'Dovastonii Aureovariegata'	x	x
bacc. 'Fastigiata'	x	
bacc. 'Fastigiata Robusta'	x	
bacc. 'Repandens'		x
bacc. 'Summergold'		x
cusp. 'Nana'		x
Thuja occid. 'Danica'		x
occid. 'Smaragd'	x	
occid. 'Sunkist'	x	
occid. 'Tiny Tim'		x
Thujopsis dolabrata	x	x

Cotoneaster 'Pendulus'

Windschutz

Für Windschutzpflanzungen in freier Landschaft

* Kulturform mit guter Windschutzeignung

1) Durch den Wildcharakter ihrer Erscheinung von einem heimischen Gehölz nicht zu unterscheiden

	Bäume	Großsträucher	Kleinsträucher	Wildgehölze – in Mittel-Europa heimisch	Wild-Gehölze in Mittel-Europa eingebürgert[1]
Laubgehölze					
Acer campestre	x	x		x	
ginnala		x			x
platanoides	x			x	
plat. 'Cleveland'*	x				
plat. 'Columnare'*	x				
plat. 'Emerald Queen'*	x				
pseudoplatanus	x			x	
pseud. 'Erectum'*	x				
pseud. 'Negenia'*	x				
pseud. 'Rotterdam'*	x				
pseud. 'Spaethii'*	x				
tataricum		x			x
Alnus cordata	x				x
glutinosa	x			x	
incana	x			x	
Amelanchier lamarckii		x			x
Berberis wilsoniae var. subcaulialata			x		x
Betula pendula	x			x	
Buxus semp. var. arborescens		x		x	
Caragana arborescens		x			x
Carpinus betulus	x			x	
Chaenomeles lagenaria		x			x
Clematis vitalba (Schlinger)				x	
viticella (Schlinger)					x
Colutea arborescens		x		x	
Cornus alba		x			x
mas		x		x	
sanguinea		x		x	
Corylus avellana		x		x	

	Bäume	Großsträucher	Kleinsträucher	Wildgehölze – in Mittel-Europa heimisch	Wild-Gehölze in Mittel-Europa eingebürgert[1]
Cotoneaster bullatus		x			x
divaricatus		x			x
multiflorus		x			x
Crataegus coccinea	x				x
monogyna	x	x		x	
x prunifolia	x				x
Cytisus scoparius		x	x	x	
Elaeagnus angustifolia	x	x			x
commutata		x			x
Euonymus europaeus		x		x	
Fagus silvatica	x			x	
Fraxinus excelsior	x			x	
Genista tinctoria			x	x	
Hedera helix (kletternd)			x	x	
hibernica (kletternd)			x		x
Hippophae rhamnoides		x		x	
Ilex aquifolium	x	x		x	
Ligustrum vulgare		x		x	
vulg. 'Atrovirens'		x		x	
Lonicera caerulea		x		x	
caprifolium (Schling.)				x	
ledebourii		x			x
periclymenum (Schlinger)				x	
tatarica		x			x
x tellmanniana (Schlinger)					x
xylosteum		x		x	
Lycium halimifolium		x			x
Malus floribunda	x	x		x	
Parthenocissus quinquefolia (kletternd)					x
Philadelphus inodorus var. grandiflorus		x			x
Physocarpus opulifolius		x			x
Populus alba 'Nivea'	x			x	
balsamifera	x				x
canescens	x			x	

Windschutz

	Bäume	Großsträucher	Kleinsträucher	Wildgehölze – in Mittel-Europa heimisch	Wild-Gehölze in Mittel-Europa eingebürgert[1])
nigra 'Italica'*	x				x
'Robusta'*	x				x
tremula	x			x	
Potentilla fruticosa			x	x	
Prunus avium	x			x	
cerasifera	x	x			x
mahaleb	x			x	
padus	x			x	
serotina	x				x
spinosa	x	x		x	
Pyrus communis	x			x	
Quercus robur	x			x	
petraea	x			x	
Rhamnus catharticus		x		x	
frangula		x		x	
Rhodotypos scandens		x	x		x
Ribes alpinum			x	x	
divaricatum		x			x
Robinia pseudoacacia	x				x
Rosa blanda		x			x
canina		x		x	
carolina		x			x
multiflora		x			x
pimpinellifolia		x		x	
rubiginosa		x		x	
rugosa		x			x
Rubus fruticosus			x	x	
Salix alba	x			x	
alba 'Liempde'*	x				x
aurita		x		x	
balsamifera mas		x			x
caprea	x	x		x	
fragilis	x			x	
purpurea	x	x		x	
rosmarinifolia			x	x	
'Silberglanz'*	x	x			x
x smithiana	x	x			x
viminalis	x	x		x	
Sambucus nigra	x	x		x	
racemosa		x		x	
Sorbaria aitchisonii		x			x
sorbifolia			x		x

	Bäume	Großsträucher	Kleinsträucher	Wildgehölze – in Mittel-Europa heimisch	Wild-Gehölze in Mittel-Europa eingebürgert[1])
Sorbus aria	x			x	
aucuparia	x			x	
intermedia	x			x	
int. 'Brouwers'*	x				x
Spiraea nipponica		x			x
'Triumphans'		x			x
Stephanandra tanakae		x	x		x
Symphoricarpos albus var. laevigatus		x			x
x chenaultii			x		x
Syringa vulgaris	x	x			x
Tilia cordata	x			x	
platyphyllos	x			x	
Ulmus carpinifolia	x			x	
glabra	x			x	
Viburnum lantana		x		x	
opulus		x		x	

Tilia platyphyllos

Pioniergehölze

xx für urbane Bereiche

Nadelgehölze	Bäume	Großsträucher	Kleinsträucher	Wildgehölze – in Mittel-Europa heimisch	Wild-Gehölze in Mittel-Europa eingebürgert[1])
x **Cupressocyparis** x leylandii*	x				xx
Larix decidua	x			x	
Picea abies	x			x	
Pinus mugo		x		x	
nigra austriaca	x			x	
silvestris	x			x	
Pseudotsuga menziesii var. caesia	x				x
Taxus baccata	x	x		x	
Thuja occidentalis	x				xx
plicata 'Excelsa'*	x				xx
Tsuga canadensis	x				x

Pioniergehölze zur Ödlandbegrünung

Laubgehölze

Acer campestre
negundo
platanoides
pseudoplatanus

Ailanthus altissima

Alnus glutinosa
incana

Amorpha fruticosa

Betula pendula

Caragana arborescens

Colutea arborescens

Corylus avellana

Cytisus scoparius

Elaeagnus angustifolia
commutata

Genista tinctoria

Hippophae rhamnoides

Laburnum alpinum
anagyroides

Ligustrum vulgare
vulg. 'Atrovirens'

Lonicera ledebourii

Lycium halimifolium

Paulownia tomentosa

Populus alba 'Nivea'
canescens
tremula

Prunus mahaleb
serotina
spinosa

Robinia pseudoacacia

Rosa canina
carolina
multiflora
nitida
pimpinellifolia
rubiginosa
rugosa

Rubus fruticosus

Salix alba
balsamifera mas
caprea
inerea
elaeagnos

Salix caprea

purpurea
repens argentea
'Silberglanz'

Sambucus nigra
racemosa

Sorbaria aitchisonii
sorbifolia

Sorbus aucuparia

Spiraea 'Triumphans'

Symphoricarpos chenaultii
'Hancock'

Tamarix parviflora
pentandra

Gehölze zum Uferschutz

Gehölze, die sich zum nachhaltigen Schutz des Ufers an stehenden und fließenden Gewässern eignen, einschließlich einer Schutzwallzone.
Nach einer Arbeit der „Gesellschaft für Ingenieurbiologie", 1980.

* im BdB-Sortiment nicht enthalten.

Bäume

Acer campestre
Acer pseudoplatanus
Alnus glutinosa
Fraxinus excelsior
Populus alba 'Nivea'
Populus nigra 'Italica'
Prunus padus
Pyrus communis
Quercus robur
Salix fragilis
Salix rubens*
Tilia platyphyllos
Ulmus glabra

Sträucher

Cornus sanguinea
Corylus avellana
Crataegus monogyna
Euonymus europaeus
Prunus spinosa
Rhamnus catharticus
Rhamnus frangula
Rosa canina
Rubus caesius*
Salix caprea
Salix cinerea
Salix purpurea
Salix triandra*
Sambucus nigra
Viburnum opulus

Salix purpurea

Alnus glutinosa

Verkehrsbegleitgrün: Sträucher und Bodendecker für innerstädtische Standorte

* auch unter Bäumen
** nur im Schatten bzw. unter Bäumen

Laubgehölze

Berberis buxifolia 'Nana'*
candidula*
julianae*
'Klugowskiana'*
'Parkjuwel'*
thunbergii*
verruculosa*

Chaenomeles japonica*
lagenaria*

Hybriden:

'Carl Ramcke'*
'Crimson and Gold'*
'Elly Mossel'*
'Etna'*
'Fascination'*
'Fire Dance'*
'Hollandia'*
'Nicoline'*
'Nivalis'*
'Pink Lady'*

Cotoneaster dammeri 'Coral Beauty'
dammeri 'Eichholz'
dammeri 'Jürgl'
dammeri 'Radicans'
dammeri 'Skogholm'
dammeri 'Streib's Findling'

Euonymus fortunei 'Coloratus'*
fort. var. vegetus **

Hedera helix**

Ligustrum obtusifolium var. regelianum**
vulgare 'Lodense'*

Lonicera xylosteum 'Clavey's Dwarf'

Mahonia aquifolium*
aquif. 'Apollo'*

Pachysandra terminalis**
term. 'Green Carpet'**

Potentilla fruticosa
'Farreri'
'Goldfinger'
'Goldstar'
'Goldteppich'
'Hachmann's Gigant'
'Jackman'
'Klondike'
'Longacre'
var. arbuscula
var. mandshurica

Pyracantha 'Bad Zwischenahn'
'Golden Charmer'
'Praecox'*
'Soleil d'Or'*

Ribes alpinum*
alpinum 'Schmidt'*

Rosa
siehe Kasten unten

Salix purpurea nana
repens argentea
rosmarinifolia

Spiraea albiflora*
'Anthony Waterer'*
'Little Princess'*

Stephanandra 'Crispa'*

Symphoricarpos x chenaultii*
'Hancock'*
orbiculatus

Vinca minor **

Über die „Verwendung von Rosen im öffentlichen Grün" informiert ein Faltblatt des Bundes deutscher Baumschulen. In einer tabellarischen Übersicht werden Sorten-Empfehlungen für die verschiedenen Verwendungsbereiche – also auch für das Verkehrsbegleitgrün – gegeben. Die Druckschrift erhalten Sie auf Anforderung kostenlos vom:

Bund deutscher Baumschulen,
Postfach 1229,
25421 Pinneberg

Verkehrsbegleitgrün: Sträucher und Bodendecker außerhalb von Städten

* auch unter Bäumen
** nur im Schatten bzw. unter Bäumen

Laubgehölze

Acer campestre*

Caragana arborescens*
arb. 'Lorbergii'*

Carpinus betulus*

Clematis vitalba*

Cornus alba*
mas*
sanguinea*

Corylus avellana*

Crataegus monogyna

Euonymus europaeus*

Salix rosmarinifolia

Hedera helix*

Hippophae rhamnoides

Ligustrum vulgare*
vulgare 'Atrovirens'*

Lonicera xylosteum*
xyl. 'Clavey's Dwarf'*
periclymenum**

Lycium halimifolium

Potentilla fruticosa
fruticosa-Sorten 'Klondike'
'Longacre'
var. arbuscula
var. mandshurica

Prunus mahaleb

Ribes alpinum*
alpinum 'Schmidt'*

Rosa canina
multiflora
rugosa
x rugotida

Salix balsamifera mas
purpurea
purpurea nana
repens argentea
rosmarinifolia

Sambucus nigra*
racemosa*

Spiraea albiflora
'Little Princess'

Stephanandra 'Crispa'

Symphoricarpos x chenaultii*
'Hancock'*
orbiculatus*

Viburnum lantana
opulus

Hecken

Pinus mugo

Hecken: locker, naturnah – hoch (nicht überschaubar)

* immergrün (wintergrün)

Laubgehölze

Amelanchier lamarckii

Berberis 'Superba'

Buxus sempervirens var. arborescens*
semp. 'Handsworthiensis'*

Caragana arborescens

Chaenomeles lagenaria

Colutea arborescens

Cornus alba
mas
sanguinea
stolonifera 'Flaviramea'

Cotoneaster multiflorus

Deutzia scabra 'Candidissima'

Forsythia 'Lynwood'
'Spectabilis'

Ilex aquifolium*
aquif. 'Alaska'*

Ligustrum ovalifolium*
vulgare
vulgare 'Atrovirens'*

Lonicera caerulea
morrowii
xylosteum

Philadelphus coronarius

Photinia villosa

Physocarpus opulifolius

Pyracantha 'Bad Zwischenahn'*
'Kasan'*

Rhododendron – Großblumige Hybriden*

Rosa rugosa 'Robusta'

Sorbaria aitchisonii

Spiraea nipponica
prunifolia
x vanhouttei

Syringa x chinensis

Viburnum x burkwoodii*
lantana
opulus
opulus 'Roseum'
plicatum
plicatum f. tomentosum
rhytidophyllum*

Weigela

Nadelgehölze

Pinus mugo*

Taxus baccata*
bacc. 'Overeynderi'*
'Hicksii'*

Kerria jap. 'Pleniflora'

Hecken: locker, naturnah – mittelhoch (überschaubar)

* immergrün

Laubgehölze

Berberis julianae*
thunbergii
thunb. 'Atropurpurea'
wilsoniae var. subcaulialata

Chaenomeles japonica

Cotoneaster acutifolius
dielsianus
divaricatus
franchetii

Deutzia x kalmiifolia
'Mont Rose'
x rosea

Holodiscus discolor var. ariifolius

Ilex aquif. 'Alaska'*
crenata*

Kerria japonica
jap. 'Pleniflora'

Kolkwitzia amabilis

Ligustrum obtusifolium var. regelianum
vulgare 'Lodense'

Lonicera caerulea
xylosteum

Mahonia aquifolium*

Philadelphus 'Erectus'

Prunus laurocerasus 'Herbergii'*

Pyracantha 'Praecox'*

Rhodotypos scandens

Ribes alpinum
alp. 'Schmidt'
aureum
divaricatum
sang. 'Atrorubens'

Rosa rugosa und Sorten

Sorbaria sorbifolia

Spiraea x arguta

Stephanandra tanakae

Symphoricarpos albus var. laevigatus
x chenaultii
orbiculatus

Hecken

Hecken: sehr niedrig, einfassend

* immergrün (wintergrün)

Laubgehölze

Berberis buxifolia 'Nana'*
candidula*
thunb. 'Atropurpurea Nana'

Buxus semp. 'Suffruticosa'*

Cotoneaster micr. 'Cochleatus'*

Deutzia gracilis

Hypericum 'Hidcote'
moserianum

Ilex crenata 'Convexa'*

Lonicera pileata*

Mahonia aquif. 'Apollo'*

Potentilla 'Farreri'
'Goldfinger'
'Goldstar'

Prunus laur. 'Otto Luyken'*

Rhododendron repens-Hybriden*

Berberis thunb. 'Atropurpurea'

Rosa nitida
rugosa
x rugotida

Spiraea albiflora
'Anthony Waterer'
'Froebelii'
'Little Princess'

Nadelgehölze

Pinus mugo mughus*

Buxus semp. 'Suffruticosa'

Hecken: streng geformt, niedrig (60 bis 100 cm)

* immergrün (wintergrün)

Laubgehölze

Berberis candidula*
thunbergii
thunb. 'Atropurpurea'
verruculosa*

Buxus semp. 'Suffruticosa'*

Chaenomeles japonica

Deutzia gracilis
x kalmiifolia

Ilex crenata*
crenata 'Convexa'*

Ligustrum vulg. 'Lodense'

Lonicera nitida 'Elegant'*

Potentilla 'Hachmann's Gigant'
'Jackman'
'Klondike'

Prunus laur. 'Otto Luyken'*

Pyracantha 'Praecox'*
'Soleil d' Or'*

Ribes alpinum
alpinum 'Schmidt'

Nadelgehölze

Taxus baccata*

Ligustrum ovalifolium

Hecken: streng geformt – mittelhoch, bis 150 cm (überschaubar)

* immergrün (wintergrün)

Laubgehölze

Berberis julianae*

Carpinus betulus

Cotoneaster dielsianus
multiflorus

Crataegus monogyna

Fagus silvatica
silvatica f. purpurea

Forsythia 'Spectabilis'

Ilex aquif. 'Alaska'*

Ligustrum ovalifolium*
oval. 'Aureum'*
vulg. 'Atrovirens'*

Philadelphus 'Erectus'

Prunus laurocerasus 'Herbergii'*

Pyracantha 'Bad Zwischenahn'*
'Kasan'*
'Red Column'*

Rosa rubiginosa

Spiraea x arguta
nipponica
x vanhouttei

Symphoricarpos albus var. laevigatus

Nadelgehölze

Larix kaempferi

Picea abies*

Taxus baccata*
bacc. 'Overeynderi'*
cuspidata*
'Hicksii'*

Thuja occidentalis*
occid. 'Columna'*
occid. 'Smaragd'*
occid. 'Sunkist'*
plic. 'Excelsa'*
plic. 'Aurescens'*

Hecken: streng geformt – hoch, über 175 cm (nicht überschaubar)

* immergrün (wintergrün)

Laubgehölze

Acer campestre

Berberis 'Superba'

Buxus sempervirens var. arborescens*
semp. 'Handsworthiensis'*

Carpinus betulus

Cornus mas

Crataegus monogyna
x prunifolia

Fagus silvatica
silvatica f. purpurea

Ilex aquifolium*

Ligustrum ovalifolium*
vulgare 'Atrovirens'*

Thuja plicata

Pyracantha 'Bad Zwischenahn'*
'Kasan'*
'Red Column'*

Rosa rubiginosa

Nadelgehölze

Chamaecyparis laws. 'Alumii'*
laws. 'Columnaris Glauca'*

Cupressocyparis x leylandii*
'Leighton Green'*

Larix decidua
kaempferi

Picea abies*
omorika*

Taxus baccata*
bacc. 'Overeynderi'*
cuspidata*

Thuja occidentalis*
occid. 'Columna'*
occid. 'Smaragd'*
occid. 'Sunkist'*
plic. 'Excelsa'*
plic. 'Aurescens'*

Tsuga canadensis*

Bodendecker

Sträucher mit dichter Schleppenbildung

* immergrün (wintergrün)

Laubgehölze

Berberis thunbergii
thunb. 'Atropurpurea'
wilsoniae var. subcaulialata

Jasminum nudiflorum

Kerria japonica

Leucothoe catesbaei*

Lonicera nitida 'Elegant'*

Rhodotypos scandens

Ribes alpinum

Rosa 'Max Graf' und ähnliche

Salix rosmarinifolia

Stephanandra incisa

Symphoricarpos x chenaultii

Stephanandra incisa (Wuchstyp: Strauch mit dichter Schleppenbildung)

Wuchstyp: buschiger, niedriger Strauch

* immergrün (wintergrün)

Laubgehölze

Berberis candidula*
'Verrucandi'*
verruculosa*

Cotoneaster horizontalis
microphyllus 'Cochleatus'*
praecox

Cytisus x beanii
x kewensis

Deutzia gracilis

Euonymus fort. var. vegetus*

Genista radiata

Hypericum 'Hidcote'
moserianum
patulum var. henryi

Ilex crenata 'Convexa'*

Lavandula angustifolia*

Ligustrum obtusifolium var. regelianum
vulgare 'Lodense'

Mahonia aquifolium*

Potentilla 'Farreri'
'Goldfinger'
'Goldstar'
'Hachmann's Gigant'
'Jackman'
'Klondike'
'Maanelys'
'Sandved'
'Tangerine'

Prunus laurocerasus 'Otto Luyken'*

Pyracantha 'Praecox'*
'Soleil d' Or'*

Rhododendron repens-Hybriden*

Rosa nitida
rugosa
x rugotida

Salix purpurea nana

Spiraea albiflora
'Anthony Waterer'
'Froebelii'

Nadelgehölze

Pinus mugo mughus*

Taxus baccata 'Repandens'*

Prunus lauro. 'Otto Luyken'

Bodendecker

Wuchstyp: breitbuschig, untere Zweige bodenaufliegend – stark-wachsend

Laubgehölze

Cotoneaster dammeri 'Coral Beauty'
dammeri 'Skogholm'
salic. 'Herbstfeuer'
salic. 'Parkteppich'

Euonymus fort. var. vegetus

Lonicera pileata

Prunus laur. 'Zabeliana'

Rosen, Bodendeckerrosen

Rubus fruticosus

Wuchstyp: sich niederlegende Sträucher

* immergrün (wintergrün)

Laubgehölze

Berberis buxifolia 'Nana'*

Empetrum nigrum*

Erica carnea-Hybriden*

Euonymus fort. 'Emerald Gaiety'*
fort. 'Emerald'n Gold'*
fort. 'Gracilis'*

Gaultheria shallon*

Jasminum nudiflorum

Potentilla 'Goldteppich'
'Longacre'
'Red Ace'
var. arbuscula
var. mandshurica

Lonicera pileata

Juniperus comm. 'Hornibrookii'

Salix repens argentea
Spiraea 'Little Princess'
Stephanandra 'Crispa'
Symphoricarpos 'Hancock'

Nadelgehölze

Juniperus comm. 'Hornibrookii'*
com. 'Repanda'*
sab. 'Tamariscifolia'*
squam. 'Blue Carpet'*
Microbiota decussata*
Pinus mugo pumilio*

Wuchstyp: dichtbuschig, niedrig – schwachwachsend

* immergrün

Laubgehölze

Arctostaphylos uva-ursi*
Berberis bux. 'Nana'*
thunb. 'Atropurpurea Nana'
Calluna vulgaris u. Sorten*
Cotoneaster adpressus
Cytisus decumbens
Erica carnea Hybriden*
Ilex crenata 'Stokes'*
Mahonia aquif. 'Apollo'*
Vaccinium vitis-idaea 'Koralle'*

Potentilla var. arbuscula

Erica carnea-Sorten

Bodendecker

Wuchstyp: mattenbildend

Cornus canadensis
Gaultheria procumbens
Hypericum calycinum
Pachysandra terminalis
term. 'Green Carpet'®
Vinca minor

Wuchstyp: völlig bodenaufliegend – starkwachsend

Clematis alpina
Hedera helix
helix 'Sagittifolia'
hibernica

Pachysandra terminalis

Hedera helix

Wuchstyp: völlig bodenaufliegend – schwachwachsend

Laubgehölze

Cotoneaster damm. 'Radicans'
damm. 'Streib's Findling'

Euonymus fort. 'Minimus'

Genista sagittalis

Hedera helix 'Conglomerata'

Nadelgehölze

Juniperus horiz. 'Glauca'

Wuchstyp: fast kriechend

Laubgehölze

Cotoneaster damm. 'Eichholz'
damm. 'Jürgl'
salic. 'Repens'

Euonymus fortunei 'Coloratus'
fort. var. radicans

Genista lydia

Nadelgehölze

Juniperus horizontalis

Cotoneaster damm. 'Radicans'

Euonymus fort. 'Coloratus'

Schling- und Kletterpflanzen

Zur Begrünung von Wänden und Fassaden

* Kletterhilfe nicht notwendig
** Kletterhilfe in Windlagen empfehlenswert
alle anderen nur mit Kletterhilfe

	Höhe (cm)
Campsis 'Mme. Galen'**	700–900
radicans**	700–900
Clematis montana 'Rubens'	500–800
montana 'Superba'	500–800
montana 'Tetrarose'	500–800
paniculata	800–900
tangutica	200–300
Hybriden	200–400
Euonymus fort. 'Gracilis'*	unter 150
fort. var. radicans*	unter 200
fort. var. vegetus	200–300
Hedera helix*	10–20 m
helix 'Goldheart'*	300–400
helix 'Sagittifolia'*	300–400
hibernica*	10–20 m

Parthenocissus tricus. 'Veitchii'

Hydrangea petiolaris	500–700
Jasminum nudiflorum	200–300
Lonicera caprifolium	300–500
'Dropmore Scarlet'	300 (–500)
'Fuchsioides'	300 (–500)
'Goldflame'	400 (–600)
x heckrottii	300 (–400)
henryi	300–400
Parthenocissus quinquefolia	800 (–900)
quinq. 'Engelmannii'*	800 (–900)
tricus. 'Veitchii'*	8–12 m
Rosen, Kletterrosen	200–400
Vitis coignetiae	600–800
Wisteria 'Macrobotrys'	6 (–10 m)
sinensis	6 (–10 m)

Hedera hibernica

Für Pergolen und an Masten emporwachsend

	Höhe (cm)
Actinidia arguta	300–500
Akebia quinata	400–600
Aristolochia macrophylla	600–900
Celastrus orbiculatus	bis 12 m
Clematis alpina	bis 200
Hybriden	200–400
montana 'Rubens'	500–800
montana 'Superba'	500–800
montana 'Tetrarose'	500–800
paniculata	800–900
tangutica	200–300
vitalba	800–900
viticella	300–400
Euonymus fort. var. vegetus	200–300
Hedera helix	10–20 m
helix 'Goldheart'	300–400
helix 'Sagittifolia'	300–400
hibernica	10–20 m

Wisteria sinensis

Aristolochia macrophylla

Hydrangea petiolaris	500–700
Jasminum nudiflorum	200–300
Lonicera caprifolium	300–500
'Dropmore Scarlet'	300 (–500)
'Fuchsioides'	300 (–500)
'Goldflame'	400 (–600)
x heckrottii	300 (–400)
henryi	300–400
periclymenum	300–400
x tellmanniana	500–600
Polygonum aubertii	8 (–15 m)
Rosen, Kletterrosen	200–400
Rubus fruticosus	unter 200
Vitis coignetiae	600–800
Wisteria 'Macrobotrys'	6 (–10 m)
sinensis	6 (–10 m)

An Bäumen und in Sträuchern emporwachsend

* nur an Baumstämmen

	Höhe (cm)
Celastrus orbiculatus	bis 12 m
Clematis montana 'Rubens'	500–800
vitalba	800–900
viticella	300–400
Euonymus fort. 'Coloratus'	unter 200
Hedera helix*	10–20 m
hibernica*	10–20 m
Hydrangea petiolaris *	500–700
Lonicera periclymenum	300–400
x tellmanniana	500–600
Parthenocissus quinquefolia	800 (–900)

Hedera helix

Mit weit überhängenden oder tief herunterhängenden Trieben. Für Anwendungsbereiche wie große Brüstungströge, oberhalb von Stützmauern

* Schlinger, Kletterer

Laubgehölze

Acer palmatum 'Dissectum' und Sorten

Akebia quinata*

Betula pendula 'Youngii'

Buddleia alternifolia

Clematis alpina*
montana 'Rubens'*
tangutica*
Hybriden – schwachwachsende Sorten*

Cotoneaster dam. 'Coral Beauty'
dam. 'Jürgl'
dam. 'Radicans'
dam. 'Skogholm'
franchettii
'Pendulus'
sal. 'Herbstfeuer'
sal. 'Parkteppich'
sal. 'Repens'

Cytisus x beanii
decumbens
x kewensis

Hybriden:

'Allgold'
'Hollandia'
x praecox

Euonymus fort 'Coloratus'
fort. var. radicaus

Forsythia susp. var. fortunei

Genista lydia

Hedera helix u. Sorten*

Hydrangea petiolaris*

Jasminum nudiflorum

Lespedeza thunbergii

Lonicera caprifolium*
'Dropmore Scarlet'*
x heckrottii*
x tellmanniana*

Lycium halimifolium

Parthenocissus Arten/Sorten*

Polygonum aubertii*

Potentilla 'Goldteppich'
'Longacre'

Prunus ser. 'Shidare Sakura'
subh. 'Pendula'

Pyracantha 'Soleil d' Or'

Rosa multiflora
Kletterrosen wie 'New Dawn'*
Bodenrosen wie 'Repandia', 'Swany'

Rubus fruticosus

Salix caprea pendula

Stephanandra 'Crispa'

Symphoricarpos x chenaultii
'Hancock'

Tamarix parviflora

Wisteria Arten/Sorten*

Nadelgehölze

Cedrus atl. 'Glauca Pendula'

Chamaecyparis pis. 'Filifera Aurea Nana'
pis. 'Filifera Nana'
pis. 'Filifera Sungold'

Juniperus com. 'Hornebrookii'
com. 'Repanda'
horizontalis
hor. 'Glauca'
sal. 'Tamariscifolia'

Microbiota decussata

Picea abies 'Inversa'

Tsuga canad. 'Pendula'

Jasminum nudiflorum

Picea abies 'Inversa'

Heidegarten – Steingarten

Geeignet für Steingarten und Heidepartien – höherwachsend

Laubgehölze

Acer jap. 'Aconitifolium'
palm.-Sorten

Berberis Arten/Sorten

Buddleia alternifolia

Cornus alternifolia

Cotinus Arten/Sorten

Cotoneaster sternianus

Cytisus Arten/Sorten

Elaeagnus multiflora

Enkianthus campanulatus

Euonymus alatus
yedoensis

Fothergilla Arten

Hydrangea aspera var. macrophylla
pan. 'Grandiflora'
sargentiana

Hypericum 'Hidcote'
patulum var. henryi

Ilex aquifolium 'Alaska'
'Blue Angel'® u. ähnliche
crenata u. Sorten

Lespedeza thunbergii

Philadelphus 'Albatre'
'Belle Etoile'
'Dame Blanche'
'Manteau d'Hermine'

Photinia villosa

Pieris jap. u. Sorten

Pyracantha 'Soleil d' Or'

Rhododendron
Azalea pontica-Hybriden
Azalea Knap Hill-Sorten

Rosa glauca

Salix 'Wehrhahnii'

Spiraea thunbergii

Nadelgehölze

Chamaecyparis pis. 'Boulevard'

Juniperus comm. 'Hibernica'
comm. 'Meyer'
comm. 'Suecica'
virg. 'Skyrocket'

Picea omorika 'Nana'

Pinus parv. 'Glauca'
silv. 'Fastigiata'

Taxus baccata

Juniperus communis 'Suecica'

Geeignet für Steingarten und Heidepartien – niedere Sträucher/ Bodendecker

Laubgehölze

Arctostaphylos uva-ursi

Berberis Arten/Sorten

Betula nana

Buxus semperv. 'Suffruticosa'

Calluna vulgaris-Sorten

Caryopteris-Sorten

Chaenomeles niedrige Sorten

Clematis alpina

Cornus canadensis

Corylopsis pauciflora

Cotoneaster adpressus
damm.-Sorten
praecox

Cytisus Arten/Sorten

Cytisus x kewensis

Daphne Arten/Sorten

Empetrum nigrum

Erica Arten/Sorten

Euonymus fortunei-Sorten

Gaultheria Arten

Hedera helix 'Conglomerata'

Hypericum moserianum

Ilex crenata-Sorten

Kalmia angusti . 'Rubra'

Lavandula angustifolia

Leucothoe catesbaei

Mahonia aquifolium 'Apollo'

Pernettya mucronata u. Sorten

Perovskia-Sorten

Potentilla-Sorten

Rhododendron impeditum-Hybriden
repens-Hybriden
russatum-Hybriden
yakushimanum-Hybriden
Wildarten
Japanische Azaleen
Diamant-Azaleen

Rosa nitida
x rugotida

Salix x grahamii
x simulatrix

Spiraea 'Little Princess'

Vaccinum vitis-idaea 'Koralle'

Viburnum davidii

Vinca minor

Zwerg-Rosen

Nadelgehölze

Abies bals. 'Nana'

Chamaecyparis laws. 'Tharandtensis'
pis. 'Filifera Aurea Nana'
pis. 'Filifera Nana'
pis. 'Sungold'

Juniperus chin. 'Old Gold'
comm. 'Hornibrookii'
comm. 'Repanda'
horiz. 'Glauca'
squam. 'Blue Carpet'
squam. 'Blue Star'

Picea abies 'Echiniformis'
abies 'Little Gem'
abies 'Pumila Glauca'
abies 'Pygmaea'
glauca 'Alberta Globe'
glauca 'Echiniformis'
mar. 'Nana'

Pinus mugo 'Mops'
pumilio mugo
pum. 'Glauca'
strob. 'Radiata'

Thuja occid. 'Danica'
occid. 'Tiny Tim'

Tsuga canadensis 'Jeddeloh'

Vogelnistgehölze/ Vogelschutzgehölze

B = Baum ST = Strauch SL = Schlinger

Laubgehölze

Acer campestre	B, ST
ginnala	ST
platanoides	B
plat. 'Globosum'	B
Alnus Arten	B
Berberis 'Stenophylla'	ST
'Superba'	ST
thunbergii	ST
Caragana arborescens	ST
Chaenomeles Arten/Sorten	ST
Clematis Arten/Sorten	SL
montana-Sorten	SL
Colutea arborescens	ST
Cornus alba	ST
mas	ST
sanguinea	ST
Corylus Arten/Sorten	ST

Cotoneaster bullatus	ST
dielsianus	ST
divaricatus	ST
horizontalis	ST
multiflorus	ST
Crataegus Arten/Sorten	B, ST
Elaeagnus angustifolia	B, ST
commutata	ST
multiflora	ST
Euonymus europapeus	ST
planipes	ST
yedoensis	ST
Gleditsia triacanthos	B
Hedera (kletternd)	SL
Hippophae rhamnoides	ST
Hydrangea petiolaris	SL
Ilex aquifolium	B, ST
aquif. 'Alaska'	ST
'Blue Angel'® und ähnliche	ST
Kolkwitzia amabilis	ST
Ligustrum Arten/Sorten	ST
vulgare	ST

Lonicera maackii

Euonymus europaeus

Lonicera – hochwachsende	ST
– hochschlingende	SL
Lycium halimifolium	ST
Malus Arten/Sorten	B, ST
Parthenocissus Arten/Sorten	SL
Physocarpus	ST
Polygonum aubertii	SL
Prunus cerasifera u. 'Nigra'	B,ST
mahaleb	B,ST
padus	B,ST
serotina	B,ST
spinosa	B,ST
Pyracantha-Sorten	ST
Pyrus communis	B
salicifolia	B,ST
Rhamnus Arten	ST
Ribes alpinum	ST
aureum	ST
divaricatum	ST
Robinia pseudoacacia 'Umbraculifera'	B
Rosa Arten/Sorten	ST
Rubus Arten	ST

Sorbus

Salix alba	B
aurita	ST
caprea	B,ST
cinerea	ST
fragilis	B
purpurea	B,ST
repens argentea	ST
rosmarinifolia	ST
Sambucus nigra	B,ST
racemosa	ST
Sorbaria Arten	ST
Sorbus aria	B
aucuparia u. Sorten	B
intermedia	B
Symphoricarpos Arten/Sorten	ST
Ulmus glabra 'Pendula'	B
Viburnum lantana	ST
opulus	ST
plicatum f. tomentosum	ST

Nadelgehölze

Nadelgehölze aller Gattungen werden von den Vögeln gern als Nistplatz gewählt. Insbesondere Arten, die außen ziemlich geschlossen sind und innen abgestorbene Nadeln bzw. Zweigpartien enthalten wie Chamaecyparis, Juniperus und Tsuga.
Nachfolgend Nadelgehölze, in denen relativ häufig Vogelnester zu finden sind.

Abies homolepis	B
procera 'Glauca'	B
Chamaecyapris lawsoniana – hochwachsende Arten	B
pisifera 'Plumosa'	B
Juniperus chinensis 'Hetzii'	ST
chin. 'Pfitzeriana'	ST
communis – hochwachsende Arten	ST
squamata 'Meyeri'	ST
Picea abies u. hochwachsende Sorten	B
omorika	B
orientalis	B
pungens und Sorten	B
Pinus cembra	B
mugo	ST
silvestris 'Waterer'	ST
Taxus baccata	B,ST
bacc. 'Dovastoniana'	B,ST
bacc. 'Hicksii'	ST
Thuja occidentalis	B
plicata 'Excelsa'	B

Bienennährgehölze

Eine Zusammenstellung nach Unterlagen des niedersächsischen Landesinstitutes für Bienenforschung in Celle, des Deutschen Imkerbundes e.V. in Bonn, einer Empfehlung des Regierungspräsidiums Freiburg sowie Listen in mehreren Gehölzbüchern.
In den meisten Quellen sind die bedeutendsten Bienennährgehölze gesondert gekennzeichnet, doch leider voneinander abweichend. Deshalb wurde hier auf jegliche Wertung verzichtet. Außerdem können auch Gehölze mit weniger Pollen oder Nektar dennoch aus terminlichen Gründen für die Erhaltung eines Bienenvolkes von großer Bedeutung sein.
Ferner beruhen die Angaben größtenteils auf zufälligen Beobachtungen durch Imker – eine repräsentative wissenschaftliche Erforschung hat noch nicht stattgefunden.

Bienennährgehölze (Bienenweide)

* Honigtau

Laubgehölze	Bäume	Höhere Sträucher	Niedere Sträucher, Bodendecker
Acer campestre	x		
negundo (zweihäusig, nur männlich)	x		
platanoides*	x		
pseudoplatanus*	x		
rubrum	x		
saccharinum	x		
tataricum		x	
Aesculus x carnea	x		
hippocastanum*	x		
Ailanthus altissima	x		
Alnus glutinosa	x		
incana	x		
Amelanchier laevis		x	
lamarckii		x	
Amorpha fruticosa		x	
Berberis julianae*		x	
thunbergii*			x
verruculosa*			x
Betula Arten/Sorten	x		
Buddleia Arten/Sorten		x	
Buxus sempervirens-Sorten		x	
Calluna vulgaris u. Sorten			x
Caragana arborescens		x	
Caryopteris-Sorten			x
Castanea sativa	x		
Catalpa bignonioides	x		
Cercis siliquastrum		x	
Chaenomeles japonica			x
Clematis (kletternd)			
Cornus alba 'Sibirica'		x	
mas		x	
sanguinea		x	
Corylus avellana		x	
avellana 'Contorta'		x	
colurna	x		
max. 'Purpurea'		x	
Cotoneaster acutifolius		x	
franchetii		x	
horizontalis			x
praecox			x
Crataegus 'Carrierei'	x		
coccinea	x		
monogyna		x	
Cytisus scoparius*			x
Sorten			x
Daphne mezereum			x
Deutzia Arten/Sorten*		x	x
Elaeagnus angustifolia	x	x	
commutata		x	
multiflora		x	
Erica carnea-Sorten			x
tetralix			x
Euonymus Arten/Sorten		x	x
Gleditsia triacanthos	x		
Hedera helix (kletternd)			x
Hibiscus-Sorten		x	
Hippophae rhamnoides		x	
Hypericum calycinum			x
Ilex aquifolium	x	x	
Jasminum nudiflorum			x
Juglans Arten	x		
Koelreuteria paniculata	x	x	
Laburnum Arten/Sorten	x	x	
Ligustrum vulgare u. Sorten		x	
Liquidambar styraciflua	x		
Liriodendron tulipifera	x		

	Bäume	Höhere Sträucher	Niedere Sträucher, Bodendecker
Lonicera caprifolium (kletternd)			
tatarica		x	
Lycium halimifolium		x	
Mahonia aquifolium			x
Malus-Sorten	x	x	
Parthenocissus quinquefolia (kletternd)			
tricuspidata 'Veitchii' (kletternd)			
Paulownia tomentosa	x		
Phellodendron amurense	x	x	
Philadelphus Arten/Sorten		x	
Platanus x acerifolia	x		
Polygonum aubertii (klet.)			
Populus alba*	x		
balsamifera*	x		
canescens	x		
nigra 'Italica'*	x		
tremula*	x		
Potentilla-Sorten			x
Prunus avium	x		
cerasifera	x	x	
laurocerasus-Sorten		x	x
mahaleb	x		
padus	x		
serotina	x		
spinosa	x	x	
triloba		x	
Pyracantha-Sorten		x	x
Pyrus communis	x		
Quercus Arten*	x		
petraea	x		
robur	x		
Rhamnus catharticus		x	
frangula		x	
Rhododendron Arten/Sorten einschl. Azaleen		x	x
Rhus typhina		x	
Ribes sanguineum		x	
Robinia neomexicana		x	
pseudoacacia	x		
Rosa canina		x	
rubiginosa		x	
rugosa			x
Salix* caprea, caprea mas, cinerea, daphnoides, purpurea, x smithiana, viminalis	x	x	
Sambucus nigra		x	
Sophora japonica	x		
Sorbaria aitchisonii		x	
sorbifolia			x
Sorbus aria	x		
aucuparia	x		
aucup. var. edulis	x		
Spiraea Arten/Sorten		x	x
Staphylea colchica		x	
Stephanandra Arten/Sorten			x
Symphoricarpos albus var. laevigatus*		x	
x chenaultii			x
'Hancock'			x
orbiculatus			x
Syringa reflexa		x	
vulgare und ungefüllt blühende Sorten		x	
Tamarix parviflora		x	
pentandra		x	
Tilia cordata* (nur auf feuchtem Standort)	x		
x euchlora*	x		
platyphyllos*	x		
Ulmus Arten/Sorten	x		
carpinifolia	x		
glabra	x		
Vaccinium Arten/Sorten			x
Viburnum lantana		x	
opulus		x	
Vinca minor			x
Weigela		x	
Wisteria sinensis (kletternd)			

Nadelgehölze

	Bäume	Höhere Sträucher	Niedere Sträucher, Bodendecker
Picea abies	x		
Pinus silvestris	x		
Taxus baccata (männlich)	x	x	

Obstgehölze

	Bäume	Höhere Sträucher	Niedere Sträucher, Bodendecker
Alle bekannten Obst- und Beerenobst-Gehölze	x	x	x

Dachgärten

Für die Gehölzauswahl zum Zweck dauerhafter Dachbegrünung ist zunächst hinsichtlich der Standortfaktoren nach Extensiv- und Intensiv-Begrünung zu unterscheiden.
Die FLL-Arbeitsgruppe „Dachbegrünung" der Seminargruppe „Vegetationstechnik für Grünflächen im Siedlungsbereich" (Leiter Prof. Dr. Liesicke, Geisenheim) definiert beide wie folgt:

Intensiv-Begrünungen

Intensiv-Begrünungen umfassen flächige Begrünungen mit Rasen, Stauden und Gehölzen ebenso wie punktuelle Begrünungen mit Sträuchern und Bäumen. Es werden in der Regel anspruchsvollere Pflanzen verwendet, die einen differenzierten Bodenaufbau mit entsprechenden Ent- und Bewässerungseinrichtungen sowie eine regelmäßige Pflege erfordern.

Extensiv-Begrünungen

Extensiv-Begrünungen umfassen nach dem gegenwärtigen Verständnis flächige Begrünungen mit niedrigen Stauden und Gehölzen, Wildkräutern und Gräsern (ein-, zwei- und mehrjährig). Es werden trockenheitsverträgliche und zeitweise Vernässung ertragende, niedrig bleibende Pflanzen verwendet, die regenerationsfähig sein müssen und einen geringeren Pflegeaufwand erfordern. Sie sind mit dünnschichtigem und vereinfachtem Bodenaufbau auf horizontalen und geneigten Flächen zu realisieren.

Für Intensiv-Begrünungen erübrigen sich Gehölz-Auswahllisten, da hierfür heute der Handel so weitentwickelte Begrünungssysteme anbietet, in denen die Mehrzahl der Gehölze fast mindestens gleich gut wie im natürlichen Boden wachsen. Lediglich der Wind wirkt sich begrenzend aus, insbesondere mit zunehmender Höhe der Grünanlagen. Es könnten auch Beeinträchtigungen durch austretende Warmluft von Klimaanlagen oder durch Abgase aus Kaminen vorkommen.
Auf sonnigen Dachgärten finden Gehölze von sonnigen Standorten selbstverständlich bessere Wachstumsbedingungen vor als Gehölze des Waldrandes bzw. schattiger Bereiche.

Für Extensiv-Begrünungen eignen sich vor allem Gehölzarten extrem trockener, vollsonniger Standorte. Siehe Auswahllisten auf den Seiten 74 uns 88.
Doch ist bei Extensiv-Begrünungen unter flachen und geneigten Dachgärten zu unterscheiden. In Flachanlagen, wie sie z.B. bei vielen Tiefgaragen die Regel sind, haben sich relativ viele Gehölzarten bewährt – jede größere Stadt bietet mittlerweile genügende Möglichkeiten zum Studium der unter dem jeweiligen Stadtklima besonders geeigneten Gehölzarten.
Für die Begrünung geneigter Flächen (Dächer) scheiden Gehölze fast völlig aus. Auf solchen Standorten herrschen so extreme Wachstumsbedingungen, die bestenfalls von xerophilen Stauden ertragen werden.

Für Balkonkästen und in kleineren Pflanzgefäßen/Pflanztrögen

Laubgehölze

Berberis bux. 'Nana'
thunb. 'Atropurpurea Nana'

Buxus semp. 'Suffruticosa'

Calluna vulgaris-Sorten
vulgaris-Hybriden

Cotoneaster adpressus
dam.-Sorten

Cytisus x beanii
decumbens
x kewensis

Erica carnea-Hybriden

Euonymus fort. 'Emerald Gaiety'
fort. 'Emerald'n Gold'

Gaultheria procumbens

Genista sagittalis

Hedera helix 'Conglomerata'
helix 'Sagittifolia'

Ilex crenata 'Golden Gem'
cren. 'Stokes'

Jasminum nudiflorum

Lavandula angustifolia

Potentilla 'Goldstar'
'Goldteppich'

Spiraea 'Little Princess'

Vinca minor

Nadelgehölze

Chamaecyparis laws. 'Ellwoodii'
laws. 'Minima Glauca'
pis. 'Boulevard'
pis. 'Sungold'

Juniperus chin. 'Mint Julep'
chin. 'Old Gold'
com. 'Repanda'
horizontalis
hor. 'Glauca'
squam. 'Blue Star'

Picea abies 'Echiniformis'
abies 'Little Gem'
abies 'Pygmaea'
glauca 'Alberta Globe'
glauca 'Echiniformis'

Pinus mugo 'Mops'
mugo mughus
mugo pumilio

Thuja occid. 'Danica'
occid. 'Tiny Tim'

Salzverträglichkeit

Die Widerstandsfähigkeit der Gehölze gegen Auftausalze ist genetisch bedingt und dadurch je nach Art unterschiedlich. Doch verliert dieser genetische Faktor stark an Wirksamkeit durch die Folgen unterschiedlicher Standortqualität in Relation zur Schadstoffmenge. Solange komplexe Untersuchungsergebnisse nicht vorliegen, wird sich die Praxis mit Erfahrungen über die relative Widerstandsfähigkeit begnügen müssen.
Grundsätzlich ist zwischen den Schäden durch Salzgischt an den oberirdischen Teilen und durch Übersalzungen im Boden zu unterscheiden.
Nachfolgend Ergebnisse von zwei Veröffentlichungen.

1. Abnehmende Salztoleranz bei „autobahntauglichen“ Sträuchern und Bäumen. Nach Untersuchungen aus den Jahren 1968 bis 1973 an Pflanzen auf Mittelstreifen der Autobahn.

* im BdB-Sortiment nicht mehr aufgeführt

Tolerante Pflanzen
(kaum Salzschäden sichtbar)

abnehmende Salzverträglichkeit ↓

Elaeagnus angustifolia
umbellata*

Hippophae rhamnoides

Ulex europaeus*

Viburnum lantana

Weniger tolerante Pflanzen
(vereinzelt Schäden an den Treibspitzen auftretend)

Acer campestre
ginnala
pseudoplatanus

Alnus glutinosa
incana
viridis

Spiraea x arguta

Rhamnus catharticus
frangula

Zunehmend salzanfällige Pflanzen
(deutliche Absterbungserscheinungen an den Trieben)

abnehmende Salzverträglichkeit ↓

Cratacgus monogyna
oxyacantha*

Robinia pseudoacacia

Ligustrum vulgare

Populus nigra*

Euonymus europaeus

Quercus robur
petraea
rubra

Cornus mas
sanguinea

Acer platanoides

Salix caprea

Alnus viridis

Larix decidua

Betula pendula

Carpinus betulus

Caragana arborescens

Ribes alpinum
aureum

Sorbus aucuparia

Stark salzempfindliche Pflanzen
(Pflanzen sterben unter den untersuchten Autobahnverhältnissen früher oder später ab)

abnehmende Salzverträglichkeit ↓

Viburnum opulus

Lonicera xylosteum

Symphoricarpos orbiculatus
x chenaultii

Quelle: Gartenwelt, 23/1954 S. 499/500.
Autoren: Dr. Peter Chrometzka und Wolfgang Dillenburg,
Universität des Saarlandes, Saarbrücken.
Fachbereich Biologie,
Fachrichtung Botanik.

Prunus padus
serotina
spinosa
Corylus avellana
Berberis thunbergii
Potentilla fruticosa
Tilia cordata
Sambucus nigra
Syringa vulgaris
Cotoneaster dielsianus
divaricatus
Stephanandra incisa
Pinus silvestris
mugo
Picea abies

2. Auswahl salzverträglicher Gehölze.
Nach Ruge, Leh, Sauer,
überarbeitet durch Gregor Blauermel.

*) als Jungbaum anfälliger
x widerstandsfähig
(x) bedingt widerstandsfähig
– nicht widerstandsfähig
? bisher nicht geprüft
1) fortgeschrieben durch den Autor der Tabelle
⊛ im BdB-Sortiment nicht mehr aufgeführt

Relativ widerstandsfähig gegen Schäden durch

Art	Bodenversalzung	Kontakt
Acer campestre	–	(X)
Acer platanoides	–	x
Acer pseudoplatanus	–	x
Aesculus x carnea[1]	(X)	x
Aesculus hippocastanum[1]	–	x
Ailanthus altissima	x	?
Alnus cordata	x	?
Betula pendula*)	x	–
Caragana arborescens	x	x
Carpinus betulus[1]	–	–
Colutea arborescens	x	x
Corylus colurna	(X)	?
Crataegus laevigata 'Paul's Scarlet'[1]	(X)	–
Elaeagnus angustifolia	x	x
Fraxinus excelsior	(X)	(X)
Gleditsia triacanthos	x	?
Hippophae rhamnoides	x	x
Ligustrum vulgare	x	–
Lonicera tatarica	?	x
Lonicera xylosteum	(X)	x
Lycium halimifolium	x	(X)
Platanus x acerifolia*)	x	?
Populus balsamifera	(X)	?
Populus x berolinensis	(X)	?
Populus simonii⊛	(X)	?
Quercus robur	x	–
Ribes alpinum	?	x
Ribes aureum	?	x
Robinia pseudoacacia	x	?
Robinia pseud. 'Bessoniana'	x	?
Robinia pseud. 'Monophylla'	x	?
Rosa x paulii 'Repens alba'	x	x
Rosa rugosa	x	x
Rosa rugosa 'Dagmar Hastrup'	x	x
Rosa rugosa 'Moje Hammarberg'	–	x
Sambucus nigra	x	–
Sophora japonica	x	?
Sorbus aria	(X)	–
Sorbus intermedia*)	(X)	–
Tamarix Arten	x	?
Tilia cordata[1]	–	?
Tilia 'Pallida'	x	?
Tilia tomentosa	(X)	?
Ulmus glabra	–	x
Ulmus x hollandica⊛	(X)	?
Ulmus carpinifolia	–	x
Ulmus pumila var. arborea⊛	x	?

Quelle: Meyer, Franz H.: Bäume in der Stadt, 2. Auflage 1982. Ulmer-Verlag

Lärmschutz

Die Eigenschaft der Gehölze, durch ihr Laubkleid Lärm filtern zu können, ist unbestritten. Doch ist der Wirkungsgrad sehr unterschiedlich. Außerdem nach objektiven Maßstäben beurteilt nur von Bedeutung, wenn die Schutzpflanzungen breit genug angelegt werden können. Subjektiv beurteilt, führen auch schon schmalere Schutzpflanzungen zu großem Nutzen. So fühlt sich der Mensch weit weniger belästigt, wenn die Lärmquelle durch Gehölzpflanzungen optisch dicht verdeckt ist.

Lärmminderung

Dr. Beck (Institut für Landschaftsbau und Gartenkunst TU Berlin) untersuchte 1962–65 die Bedeutung von „Pflanzen als Mittel zur Lärmbekämpfung".
Von seinen Ergebnissen erschien mit gleichlautendem Titel im Patzer Verlag Berlin-Hannover eine Schrift, 1982 in der 2. Auflage.

Die Untersuchung ergab u. a.:

Günstig sind

1. Zunehmende Blattgrößen
2. Annähernd senkrechte, d. h. rechtwinklig zum Schalleinfall gerichtete Blattstellung (Beispiel: Viburnum rhytidophyllum)
3. Gegen die Schallquelle geschlossene Laubschirme
4. Extreme Belaubung bzw. abgestorbene Nadel- und Zweigpolster des Wuchsraum-Inneren (Beispiel: Juniperus chin. 'Pfitzeriana').

Dr. Beck untersuchte 53 Baum- und Straucharten und teilte sie nach ihrer Minderung des Schallpegels in 6 Wertgruppen ein, die hier mit Genehmigung des Verlages nachgedruckt sind.

Wertgruppe VI
Lärmminderung minus 10–12 dB
Acer pseudoplatanus

Wertgruppe V
Lärmminderung minus 8–10 dB
Populus x berolinensis
Viburnum lantana
Viburnum rhytidophyllum
Tilia platyphyllos

Wertgruppe IV
Lärmminderung minus 6–8 dB
Philadelphus pubescens
Carpinus betulus
Syringa vulgaris
Fagus silvatica
Ilex aquifolium
Ribes divaricatum
Quercus robur
Rhododendron

Wertgruppe III
Lärmminderung minus 4–6 dB
Juniperus chin. 'Pfitzeriana'
Betula pendula
Alnus incana
Cornus sanguinea
Cornus alba
Pterocarya fraxinifolia
Forsythia x intermedia
Sambucus nigra
Lonicera maackii
Crataegus x prunifolia
Lonicera ledebourii
Acer negundo
Populus canadensis-Hybriden
Corylus avellana
Tilia cordata

Wertgruppe II
Lärmminderung minus 2–4 dB
Chamaecyparis obt. nana
Ligustrum vulgare
Caragana arborescens
Prunus mahaleb
Lonicera korolkowii
Lonicera tatarica
Rhodotypos scandens
Crataegus monogyna
Pyracantha coccinea
Rosa multiflora
Sorbaria sorbifolia
Chamaecyparis pisifera 'Filifera'

Wertgruppe I
Lärmminderung minus 0–2 dB

Salix elaeagnos
Chamaecyparis lawsoniana 'Glauca'
Thujopsis dolabrata
Buxus sempervirens 'Arborescens'
Picea asperata
Taxus baccata
Picea glauca 'Conica'
Salix alba 'Tristis'
Sophora japonica
Cotoneaster multiflorus
Spiraea x vanhouttei

Wallbepflanzung

Technischer Lärmschutz (Erdwälle, Mauern, Zäune aus verschiedensten Werkstoffen) läßt sich durch kaschierende Pflanzungen weniger störend in den Charakter der jeweiligen Landschaft einbinden.

Remlinger (Landschaftsverband Rheinland, Abt. Straßenbau) erstellte eine „Eignungsliste für Gehölzarten an Lärmschutzbauwerken", mit Hinweisen zum Standortfaktor Licht. Veröffentlicht in DEUTSCHE BAUMSCHULE (Verlag Dr. Rudolf Georgi, Aachen) Ausgabe 9/80. Wiedergabe mit Genehmigung von Autor und Verlag.

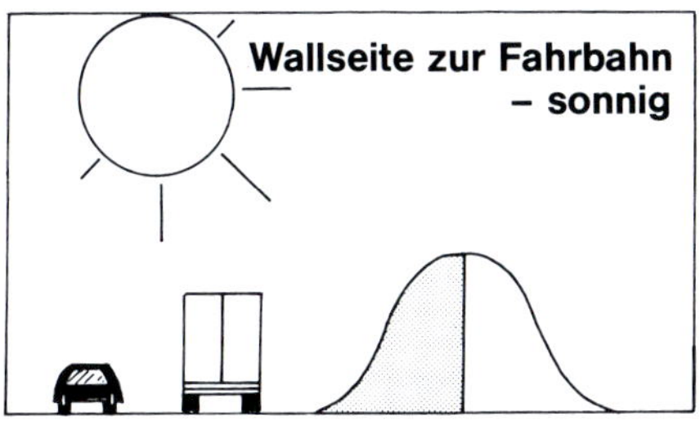

Mittelhohe Sträucher, aufrecht

Caragana arborescens
Colutea arborescens
Hippophae rhamnoides
Rosa pimpinellifolia

Mittelhohe Sträucher, überhängend

Cytisus scoparius
Lycium halimifolium
Rosa multiflora
Rubus fruticosus
Ulex europaeus (x)

Niedrige Sträucher, aufrecht

Caragana pygmaea (x)
Rosa nitida
Rosa rugosa

Niedrige Sträucher, überhängend

Cotoneaster horizontalis
Rosa 'Max Graf'
Rosa paulii
Salix repens argentea
Symphoricarpos 'Hancock'

Kletterpflanzen

Celastrus orbiculatus
Parthenocissus quinquefolia
Parthenocissus tricuspidata 'Veitchii'
Polygonum aubertii

Mittelhohe Sträucher, aufrecht

Ligustrum vulgare
Lonicera tatarica
Lonicera xylosteum
Sambucus racemosus

Mittelhohe Sträucher, überhängend

Lycium halimifolium
Rubus fruticosus
Salix aurita
Salix rosmarinifolia

Niedrige Sträucher, aufrecht

Lonicera xylosteum 'Claveys Dwarf'
Ribes alpinum
Salix purpurea nana
Sorbaria sorbifolia

Lärmschutz

Niedrige Sträucher, überhängend
Rosa 'Max Graf'
Rosa paulii
Symphoricarpos 'Hancock'

Kletterpflanzen
Clematis vitalba
Lonicera caprifolium
Lonicera x heckrottii
Polygonum aubertii

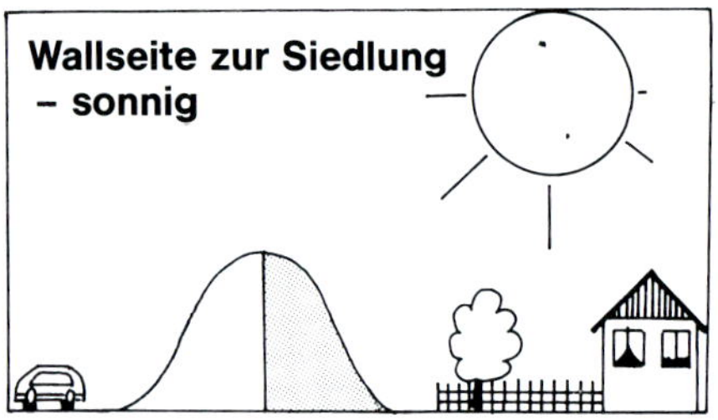

Mittelhohe Sträucher, aufrecht
Amelanchier lamarckii
Kolkwitzia amabilis
Pyracantha-Sorten
Strauchrosen in Sorten

Mittelhohe Sträucher, überhängend
Buddleia alternifolia
Rosa hugonis
Rosa omeiensis
Tamarix parviflora

Niedrige Sträucher, aufrecht
Berberis 'Stenophylla'
Chaenomeles japonica
Pinus mugo mughus
Potentilla fruticosus
Rosa 'Dagmar Hastrup'

Niedrige Sträucher, überhängend
Cotoneaster dammeri 'Radicans'
Cotoneaster dammeri 'Skogholm'
Cotoneaster salicifolia 'Herbstfeuer'
Cotoneaster salicifolia 'Parkteppich'
Juniperus communis 'Hornebrookii'

Kletterpflanzen
Clematis jackmannii
Clematis paniculata
Kletterrosen in Sorten
Jasminum nudiflorum

Mittelhohe Sträucher, aufrecht
Cotoneaster dielsianus
Spiraea arguta
Symphoricarpos orbiculatus
Symphoricarpos albus var. laevigatus
Taxus baccata

Mittelhohe Sträucher, überhängend
Kerria japonica
Philadelphus coronarius
Prunus lauroc. 'Zabeliana'

Niedrige Sträucher, aufrecht
Berberis thunbergii
Mahonia aquifolium
Spiraea thunbergii

Niedrige Sträucher, überhängend
Euonymus fort. 'Vegetus'
Lonicera pileata

Kletterpflanzen
Clematis montana 'Rubens'
Hedera helix
Lonicera henryi

Gehölze für Freiland-, Schnitt- und Treiberei

	Schmückender Teil der Pflanze			Termine	
	Frucht-triebe	Blüten-triebe	dekorative Triebe	Treiberei	Freiland
Alnus incana 'Aurea'		x		ab Dez.	
Amelanchier lamarckii*		x		ab Jan.	April
Buddleia davidii-Sorten		x			ab Juli
Callicarpa bod. giraldii	x				ab Okt.
Caryopteris-Sorten		x			ab Sept.
Celastrus	x				ab Sept.
Chaenomeles-Hybriden*		x		ab Nov.	ab April
Cornus alba 'Sibirica'			x		ab Nov.
Cornus mas		x		ab Jan.	ab März
Corylopsis Arten		x		ab Febr. mB	ab April
Corylus avellana u. Sorten		x		ab Dez.	ab Febr.
Corylus av. 'Contorta'			x		ab Okt.
Cotoneaster	x				ab Okt.
damm. 'Coral Beauty'	x				ab Okt.
dielsianus	x				ab Okt.
horizontalis	x				ab Okt.
sal. var. floccosus	x				ab Okt.
sternianus	x				ab Okt.
Deutzia gracilis		x		ab Febr./ mB	ab Mai
Euonymus alatus			x		ab Okt.
europaeus	x				ab Sept.
planipes	x				ab Sept.
Exochorda		x			Mai
Forsythia-Sorten*		x		ab Nov.	ab März
Hamamelis Arten/Sorten		x		ab Dez.	ab Jan.
Hippophae	x				ab Sept.
Hydrangea panic. 'Grandifl.'		x			ab Sept. (trocken)
Ilex aquifolium	x				ab Okt.
'Alaska'/'I.C. van Tol'	x				ab Okt.
'Blue Princess'	x				ab Okt.
verticillata	x				ab Okt.
Jasminum nudiflorum		x		ab Nov.	ab Jan.
Malus-Arten/Sorten	x	x			Bl. ab Mai F. ab Aug.
Parrotia persica		x			ab März
Pernettya in Sorten	x				ab Okt.
Philadelphus-Sorten		x			ab Juli
Pieris japonica		x			ab März
Prunus cerasifera 'Woodii'*		x		ab Ende Dez.	April
dulcis-Sorten*		x		ab Dez.	ab März
'Pollardii'*		x		ab Mitte Jan.	ab März

Gehölze für Freiland-, Schnitt- und Treiberei

	Schmückender Teil der Pflanze			Termine	
	Frucht-triebe	Blüten-triebe	dekorative Triebe	Treiberei	Freiland
Prunus (Fortsetzung)					
sargentii*		x		ab Ende Jan.	April/Mai
sarg. 'Accolade'*		x		ab Febr.	März/April
subhirtella 'Autumn.'*		x		ab Dez.	ab Nov. bis April
subh. 'Rosea'*		x		ab Mitte Febr.	April/Mai
x yedoensis*		x		ab Jan.	April
tenella*		x			März/April
triloba*		x		ab Jan.	März/April
glandulosa 'Alba Plena'*		x		ab Dez.	März/April
fenzliana*		x		ab Nov.	Febr./März
'Kursar'*		x		ab Febr.	März/April
ser. 'Kanzan' u. a.*		x		ab Dez.	April/Mai
Pyracantha	x				ab Sept.
Ribes sang.-Sorten		x		ab März	ab April
Rosen	x	x			Bl. ab Juni F. ab Sept.
Salix acut. var. pendulifolia		x		ab Dez.	ab März
'Silberglanz'		x		ab Nov.	ab Febr.
daphnoides		x		ab Dez.	ab März
x erythroflexuosa			x	ab Dez.	ab Nov.
'Sekka'		x	x	ab Dez.	ab März
x smithiana		x		ab Dez.	ab März
'Tortuosa'			x		ab Nov.
Spiraea prunif. 'Plena'*		x		ab März	März/April
Syringa-Edelsorten		x		ab Febr./ mB	Mai
Viburnum fragrans		x		ab Dez.	ab Jan.
Azaleen-mollis, pontica-Sorten		x		ab Febr./ mB	Mai/Juni
Azaleen-Knap Hill-Sorten		x		ab Febr./ mB	Mai/Juni
Enkianthus camp.		x		ab Febr./ mB	Mai/Juni
Laburnum 'Vossii'		x		ab Febr./ mB	Mai/Juni
Magnolia Arten/Sorten		x		ab Dez./ mB	April/Mai
Rhododendron, div.		x		ab Jan./ mB	Mai/Juni
Viburnum op. 'Sterile'		x		ab Febr.	Juni
Daphne mezereum		x		ab Jan.	März

* Quellenangabe: Gehölze in der Treiberei, Lehr- und Versuchsanstalt Friesdorf der LWK Rheinland, bearbeitet von Dr. Papenhagen, B. Breutmann, Stand Herbst 1982

Gehölze zur Grabbepflanzung

A. Höhere, aufrechtwachsend

Laubgehölze

Buxus sempervirens var. arborescens
semp. 'Handsworthiensis'

Ilex aquifolium 'Alaska'

Mahonia bealii

Pieris japonica

Rhododendron-Hybriden

Nadelgehölze

Chamaecyparis laws. 'Ellwoodii'
pis. 'Boulevard'

Juniperus comm. 'Hibernica'

Taxus baccata
bacc. 'Fastigiata'
bacc. 'Fastigiata Aureomarginata'
bacc. 'Fastigiata Robusta'

Tsuga can. 'Pendula'
mert. 'Glauca'

B. Höherwachsend, buschig bis breitbuschig

Laubgehölze

Acer palmatum 'Dissectum' und Sorten

Cornus alternifolia

Corylopsis pauciflora

Hydrangea aspera var. macrophylla
Hybriden wie 'Blue Bird'

Ilex aquifolium 'Blue Prince'®
'Blue Princess'®

Pieris japonica
jap. 'Splendens'
jap. 'Stöckmann'

Rhododendron williamsianum-Hybriden

Nadelgehölze

Abies procera 'Glauca'

Juniperus chin. 'Blaauw'
chin. 'Plumosa Aurea'

Taxus cusp. 'Strait Hedge'
cusp. 'Stricta Viridis'

C. Buschig, niedrig

Laubgehölze

Arctostaphylos uva-ursi

Berberis bux. 'Nana'
candidula
thunb. 'Atropurpurea Nana'
'Verrucandi'

Calluna vulgaris-Hybriden

Cotoneaster adpressus

Cytisus decumbens
x kewensis
purpureus

Daphne cneorum

Erica carnea-Hybriden
vagans-Hybriden

Forsythia 'Minigold'

Genista lydia

Ilex crenata 'Convexa'
crenata 'Golden Gem'
crenata 'Stokes'

Mahonia aquif. 'Apollo'

Pieris japonica 'Variegata'

Prunus laur. 'Otto Luyken'

Grabbepflanzung

Rhododendron impeditum-Hybriden
repens-Hybriden
yakushimanum-Hybriden
Japanische Azaleen
Diamant-Azaleen

Skimmia x foremanii
japonica

Vaccinium vitis-idaea 'Koralle'

Viburnum carlesii
davidii

Zwerg-Rosen

Nadelgehölze

Abies balsm. 'Nana'

Chamaecyparis laws. 'Minima Glauca'
laws. 'Tharandtensis'
obt. 'Nana Gracilis'
pis. 'Filifera Aurea Nana'
pis. 'Filifera Nana'
pis. 'Filifera Sungold'

Juniperus chin. 'Old Gold'
comm. 'Repanda'
sab. 'Tamariscifolia'
squam. 'Blue Carpet'
squam. 'Blue Star'

Picea abies 'Echiniformis'
abies 'Little Gem'
abies 'Pumila Glauca'
abies 'Pygmaea'

Picea glauca 'Alberta Globe'
glauca 'Echiniformis'
omorika 'Nana'
pung. 'Glauca Globosa'

Pinus mugo 'Mops'
mugo pumilio
parv. 'Glauca'
pum. 'Glauca'
strobus 'Radiata'

Taxus cusp. 'Nana'

Thuja occid. 'Danica'
occid. 'Holmstrup'
occid. 'Tiny Tim'

Tsuga can. 'Jeddeloh'

D. Bodendecker

Laubgehölze

Cotoneaster dam. 'Eichholz'
dam. 'Radicans'
dam. 'Streib's Findling'

Erica carnea-Hybriden

Euonymus fortunei-Sorten

Gaultheria procumbens

Hedera helix
helix 'Conglomerata'

Pachysandra term. 'Green Carpet'

Vinca minor

Nadelgehölze

Juniperus horizontalis
hor. 'Glauca'

Juniperus squamata 'Blue Carpet'

Juniperus horizontalis 'Glauca'

An Kinderspielplätzen ungeeignete Gehölzarten

Die Aussagen über sogenannte „giftige Gehölze" sind uneinheitlich. Die nachfolgende Liste wurde von Dr. Harro Koch († 1970) im Auftrage des Verbandes Garten- und Landschaftsbau Rheinland in Zusammenarbeit u. a. mit dem Verband Rheinischer Baumschulen zusammengestellt und durch den Minister für Arbeit, Gesundheit und Soziales des Landes Nordrhein-Westfalen mit Erlaß vom 7. Mai 1974 (Akt.Z. IV/1–6190.3) bestätigt.
Sie enthält nicht jene „giftigen" Gehölze, die wild in der freien Landschaft wachsen bzw. nicht handelsüblich sind.

Es werden die Pflanzen berücksichtigt, von denen Teile für den menschlichen Verzehr ungenießbar bzw. giftig sind und nur die hier im Handel befindlichen Gattungen erwähnt.

Botanischer Name	deutscher Name	Gefährlichkeit	enthalten im Pflanzenteil	kritischer Pflanzenteil	Bemerkungen
Nadelgehölze					
Juniperus sabina	Gemeiner Sadebaum	**	Trieb, Frucht	Frucht (?)	auch äußerliche Reizwirkung.
Juniperus communis	Gemeiner Wacholder	**	Trieb, Frucht	Frucht	männliche und nicht fruchtende Formen erlaubt.
Taxus baccata	Eibe	**	Trieb, Samen	Samen	männliche Formen erlaubt.
Thuja-Arten	Lebensbaum	**	Trieb	Trieb (?)	Genuß bei Kindern nicht beobachtet.
Laubgehölze					
Andromeda polifolia	Rosmarinheide	*	Trieb, Frucht	Frucht	selten gepflanzt
Cytisus Arten	Ginster	* (?)	ganze Pflanze	Samen	
Daphne Arten	Seidelbast	***	ganze Pflanze	Frucht	alle Arten gefährlich!
Euonymus, z. Teil	Pfaffenhütchen	**	ganze Pflanze	Frucht, Samen	alle Arten, außer nicht fruchtende fortunei-Formen: 'Coloratus', 'Gracilis', 'Kewensis' u. ä.
Genista Arten	Ginster	* (?)	ganze Pflanze	Samen (?)	
Hedera h. 'Arborescens'	Efeu	**		Frucht	beerentragende Form
Ilex Arten	Stechpalme, Hülse	**	Frucht	Frucht	weibl. Pflanzen kritisch
Kalmia Arten	Berglorbeer	*	Trieb	Samen	Genuß sehr unwahrscheinlich
Laburnum Arten	Goldregen	***	ganze Pflanze	Samen	
Ligustrum Arten	Liguster	***	ganze Pflanze	Frucht	

An Kinderspielplätzen ungeeignete Gehölzarten

Botanischer Name	deutscher Name	Gefährlichkeit	enthalten im Pflanzenteil	kritischer Pflanzenteil	Bemerkungen
Lonicera, beerentragend	Heckenkirsche	***	vor allem:	Frucht	Lonicera pileata, L. nitida 'Elegant' erlaubt
Lycium Arten	Bocksdorn	*		Frucht (?)	Wirkung unbekannt
Pieris japonica	Pieris	*	ganze Pflanze	Samen (?)	Genuß sehr unwahrscheinlich
Prunus laurocerasus	Kirschlorbeer	*	Blatt, Rinde	Samen	unverträglich
Rhamnus, z. Teil	Faulbaum, Kreuzdorn	**	vor allem:	Frucht	unverträglich, selten gepflanzt
Robinia Arten	Robinie	**	Rinde u. a.	Samen	
Sambucus racemosa	Trauben-Holunder	**	Trieb	Frucht	selten gepflanzt
Symphoricarpos-Arten	Schneebeere	*		Frucht	unverträglich
Viburnum, beerentrag.	Schneeball	**	vor allem:	Frucht	sterile Formen erlaubt, wie V. opulus 'Sterile', Viburnum plicatum und 'Mariesii' u. ä.
Wisteria sinensis	Glycine	*	ganze Pflanze	Blüte (?)	

* = giftig; Vergiftungen kamen vor.

** = gefährlich; z. Teil auch wegen der lockenden Früchte.

*** = größte Vorsicht geboten!

Ballen	Kurzform für Wurzelballen, das heißt, der für den Versand vorbereitete Wurzelbereich der Pflanze einschließlich des Erdreichs. Zum Transport wird der B. in Ballentuch eingeschlagen, das mit Gummiringen – bei größeren Pflanzen mit einem Drahtgeflecht, dem sogenannten Ballenkorb – befestigt wird.
Ballentuch	s.o.
Ballierung	s.o.
Baum	Gehölz, bestehend aus (unterirdischer) Wurzel, Stamm und Krone. Kennzeichnend ist das an der Spitze liegende (akrotone) Verzweigungssystem.
BdB	Kurzform für „Bund deutscher Baumschulen“, als eingetragener Verein Berufsverband der Baumschulen in der Bundesrepublik Deutschland. Bundesgeschäftsstelle: 25421 Pinneberg, Bismarckstraße 49.
Bodendecker	flachwachsende oder niedrige Gehölze, die aufgrund ihrer Wuchseigenschaften nach spätestens zwei Vegetationsperioden eine geschlossene Pflanzendecke bilden.
Busch	Begriff der Qualitätsbezeichnung für einen jungen Strauch, zwei- oder mehrjährig, 2x verpflanzt, aus weitem Stand. Nur 1x verpflanzt und aus engerem Stand werden sie als „leichter Busch“ bezeichnet.
Containerpflanzen	Gehölze, die in Kunststofftopf (Container) oder -beutel herangezogen und angeboten werden.
Einzelstellung	Pflanzvorschrift, die in der Regel die Auswahl eines für die E. geeigneten Gehölzes bedingt (siehe auch Solitär).
Fruchtschmuck	Bezeichnung für Früchte an Ziergehölzen, die nicht für den menschlichen Verzehr bestimmt sind.
Garten-Baumschule	Baumschule, die sich auf den Verkauf von Garten-Pflanzen an Endverbraucher spezialisiert hat. Voraussetzung für die Bezeichnung ist die Anerkennung als „Deutsche Markenbaumschule“ und die Mitgliedschaft in der Aktionsgemeinschaft Garten-Baumschulen im Bund deutscher Baumschulen.
Gartenbau	organisatorisch die Gesamtheit der im Produktionsbereich und Dienstleistungsbereich tätigen Betriebe, zusammengeschlossen im Zentralverband Gartenbau (ZVG), Bonn – Bad Godesberg.
Gartenbau-Ausstellungen	als Bundesgartenschau in zweijährigem Turnus stattfindender nationaler Leistungswettbewerb des Deutschen Gartenbaus als Internationale Gartenbau-Ausstellung in zehnjährigem Turnus als Landesgartenschau in verschiedenen Bundesländern (Baden-Württemberg, Bayern, Nordrhein-Westfalen).
Gehölze für Straßen- und Landschaftsbau	Produktbereich der für den Einsatz in der freien Landschaft und auf extremen Standorten geeigneten Gehölze besonders robuster Arten und Sorten.

Stichworte

Giftgehölze	sinnentstellende, im Sprachgebrauch aber übliche Bezeichnung für an Kinderspielplätzen nicht geeignete Gehölze. Der Verzehr von Pflanzen oder Pflanzenteilen kann gesundheitliche Schäden bewirken.
Habitus	äußeres Erscheinungsbild der Pflanze.
Heckenpflanzen	für die Anlage von Hecken geeignete Pflanzen (siehe auch Seiten 110 – 114).
Heister	Heister sind mehrmals verpflanzte baumartige Gehölze ohne gesondert ausgebildete Krone.
Hochstamm	nach der Definition der Baumschulen mehrjährige, baumartige Gehölze mit Krone, mindestens 2x verpflanzt aus weitem oder extraweitem Stand.
Immergrüne Gehölze	Produktgruppe des Baumschulsortimentes, d.h. die Arten und Sorten, die das Laub (bzw. die Nadeln) ganzjährig halten, als Laubgehölze (zum Beispiel Rhododendron, Ilex, Buchsbaum) und alle Nadelgehölze (mit Ausnahme z. B. von Lärchen, Sumpfzypressen u. Urweltmammutbaum).
Industriefest	Kriterium für die Eignung von Gehölzen in emissionsbelasteten Regionen. Neue Erkenntnisse haben gezeigt, daß weitere Einflüsse wie Bodenverhältnisse, Klein-Klima, Witterungsverlauf und Pflegemaßnahmen eine genaue Begriffsbestimmung für Industriefestigkeit problematisch erscheinen lassen. Aus diesem Grunde wurde auch auf eine gesonderte Empfehlungsliste verzichtet.
Jungpflanzen	In der Definition der Baumschulen ein- oder mehrjährige Gehölze aus engem Stand, die zum Weiterverpflanzen (Aufzucht) bestimmt sind.
Kletterpflanzen	Gehölze, die mit Hilfe verschiedenster Organe (Wurzeln, Haftscheiben, Ranken) an Wänden und Felsen, an Bäumen und Sträuchern emporklettern. Eine Unterart der Lianen.
Koniferen	siehe Nadelgehölze.
Krone	die vom Hauptstamm oberirdisch abgehenden Nebenstämme mit Ästen und Zweigen bilden die Krone. Ausbildung der Krone je nach Gattung, Art oder Sorte z.B. rundlich, eiförmig oder kegelförmig.
Lichtverhältnisse	Bestimmung des Zeitraumes, in dem die Pflanze dem Sonnenlicht ausgesetzt ist. Unterschieden werden die Standorte nach vollsonnig (Sonne vom Aufgang bis zum Untergang), sonnig (überwiegende Zeit zwischen Aufgang und Untergang), absonnig (zum überwiegenden Teil, immer jedoch während der Mittagsstunden ohne Sonne), halbschattig (durch lichten Wanderschatten mehr als die Hälfte des Tages, immer jedoch während der Mittagsstunden beschattet), schattig (während des ganzen Tages in vollen Schatten) – nach H. Maethe/Haan.

Marken-Baumschule	korrekt: vom Bund deutscher Baumschulen anerkannte „Deutsche Marken-Baumschule"; durch eine Prüfungskommission in dreijährigem Turnus erfolgende Qualifikation der Produktion einer Baumschule.
Nadelgehölze	im Sprachgebrauch der Baumschulen alle „Nadeln" tragenden baum- und strauchartigen Gehölze (bot. Gymnospermen-Nacktsamer).
Naturnaher Garten	Gartengestaltung unter besonderer Berücksichtigung pflanzensoziologischer und ökologischer Gesichtspunkte, Begriff noch nicht eindeutig definiert.
Nomenklatur	Verzeichnis der botanischen Pflanzennamen.
Produktionsgebiete	Regionen mit deutlicher Konzentration der Anzucht von Gehölzen, üblicherweise als Bezeichnung für die Gebiete wie z.B. Schleswig-Holstein und Weser-Ems verwendet.
Quartier	im Sprachgebrauch der Baumschulen die Bezeichnung für eine abgegrenzte Produktionsfläche für Gehölze.
Schlingpflanzen	Gehölze, die sich auch kreisende Bewegungen an fremden Stützen – natürlichen oder künstlichen – emporschlingen. Eine Unterart der Lianen.
Solitär	mehrjähriger Strauch oder baumartiges Gehölz mit Krone, mindestens 3x verpflanzt, in extraweitem Stand auf Einzelstellung vorbereitet.
Sommergrün	Gehölze, die mit Beginn der Vegetationsruhe im Herbst das Laub abwerfen.
Stamm	der oberirdische, aufrecht wachsende, holzige Teil der Pflanze (siehe auch Hochstamm).
Stammbusch	mindestens 250 cm hohe Pflanzen aus weitem Stand, mindestens 2x verpflanzt, natürlich gewachsen, mit besonders voller Zweiggarnierung und einem Stammumfang von mindestens 8 – 10 cm.
Stammumfang	Umfang des Stammes, gemessen in 1 m Höhe über dem Erdboden.
Stand	Angaben über Standweiten (Pflanzabstände) im Quartier.
Stauden	Stauden sind in engerem Sinne perennierde, d.h. ausdauernde, also mehrjährige winterharte Kräuter oder Blüten- und Blattgewächse, deren unverholzte Sproßachse in jedem Jahr abstirbt und sich jährlich aus direkt über der Erde oder in der Erde liegenden Knospen erneuert.
Sortiment	Bezeichnung für die Zusammenstellung der Arten und Sorten des Angebotes an Baumschulgehölzen.
Strauch	Gehölze, deren Hauptachse und Seitenachsen sich schon aus basalen oder unterirdischen Seitenknospen verzweigen oder bei denen an Stelle einer Hauptachse mehrere gleichwertige Stämmchen vorhanden sind.

Stichworte

Veredlungs-Unterlagen	Gehölze, die als der untere Teil einer Lebensgemeinschaft das Wurzelsystem ausbilden und in mannigfaltige Wechselbeziehungen mit dem oberen Teil (Edelsorte) treten. Der Einfluß der Unterlage auf die Edelsorte ist deutlicher ausgeprägt als umgekehrt.
Vermehrung	Produktion von Jungpflanzen, als vegetative V. z.B. durch Stecklinge, Steckholz oder als generative V. durch Samen
Versandbaumschule	Baumschule, die Gehölze aus eigener Anzucht und aus Zukauf zu nachfragegerechten Angeboten bündelt, in der Regel in Großhandelsfunktion zwischen Produktionsbetrieben (siehe auch „Züchter“) und Markt
Wurzel	der unterirdische Teil der Pflanze (siehe hierzu auch „Ballen“ und die entsprechenden tabellarischen Übersichten zu Wurzelformen im Kapitel II)
Züchter	im Sprachgebrauch der Baumschulen Produktionsbaumschule mit ausschließlichem oder weitüberwiegenden Absatz an Versandbaumschulen

Stichworte zum Thema Umwelt

Abiotisch	nicht lebend
Biozönose	Lebensgemeinschaft
Biotop	Lebensraum einer Biozönose von einheitlicher, gegen seine Umgebung abgegrenzter Beschaffenheit
Bienenweide	Gehölze und Stauden, sie sich als Nahrungsquelle für Bienen und andere Insekten eignen.
Bodenständige Pflanzen	Pflanzungen von Gehölzen und Stauden, die der potentiellen, natürlichen Pflanzengesellschaft des Pflanzenstandortes angehören
Emission	Ausstoß von meist schädlichen Abfallstoffen in die Atmosphäre. Hierzu zählen auch Geräusche, Erschütterungen und Strahlen, die die Umwelt beeinträchtigen oder gefährden
Fauna	Tierwelt
Flora	Pflanzenwelt
Immission	von einer technischen Anlage ausgesandte Stoffe, die von der Atmosphäre aufgenommen, transportiert und oft chemisch bzw. physikalisch verändert werden
Ökologie	Lehre von den Wechselwirkungen zwischen Organismen und Umwelt
Ökosystem	Beziehungen zwischen Organismen, chemischen und physikalischen Faktoren
Ressourcen	Hilfsquellen, Gesamtheit aller natürlichen Rohstoffe, Hilfs- und Produktionsmittel für die wirtschaftende Tätigkeit des Menschen
Standortgerechte Pflanzung	Pflanzung von Gehölzen und Stauden, deren Ansprüche und Eigenschaften den spezifischen Bedingungen des gewählten Standortes entsprechen
Sukzession	die zeitliche Aufeinanderfolge von Lebensgemeinschaften, Biozönosen, an einem bestimmten Ort, unter bestimmten Klimaverhältnissen bis zu einer stabilen Endform, dem Klimax
Vegetation	die Pflanzendecke der Erdoberfläche, die je nach Klima- und Bodenverhältnissen unterschiedlichen Charater zeigt

Sachregister

Sachregister